Animalement vôtre

Ils se font des farces, manient les nombres et les outils, se soignent avec des plantes. Ils s'émeuvent, se souviennent et font des plans pour l'avenir. Ils communiquent, s'entraident et se transmettent des savoirs. L'intelligence des animaux – des abeilles aux gorilles en passant par les poulpes – est plus qu'une réalité maintes fois observée : elle est un continent que les scientifiques explorent, et dont ils ramènent chaque jour de nouveaux motifs d'étonnement, voire d'émerveillement. Mais l'affaire dépasse de loin la curiosité des biologistes, écologues et éthologues : elle devrait aboutir à transformer notre rapport aux êtres vivants qui peuplent la Terre à nos côtés. Ce nouveau numéro des *Carnets de science* vous invite à poser un autre regard, à leur hauteur, sur les animaux.
Au sommaire également : la découverte d'un écosystème unique au Botswana, de fascinants débats sur la vitesse d'expansion de l'Univers, la face cachée des nouveaux outils de l'intelligence artificielle et la vie à bord d'un navire océanographique à quelques encablures de l'Etna…
Bienvenue en terres de science !

Stations GPS et capteurs photographiques permettent de documenter avec précision la progression de la crue et les déformations du sol.
© Cyril Frésillon/Géosciences Rennes/CNRS Photothèque

été installés en novembre 2021, dont un juste ici, à la station de Nxaraga. À terme, une vingtaine de ces capteurs pourraient être déployés dans le delta. Mais encore faut-il pour cela que les prototypes aient fait leurs preuves…
« *Le capteur a été programmé pour faire une image par heure. Cela doit permettre de suivre en continu la progression de la crue dans le chenal* », explique Louis Gaudaré, géologue spécialisé dans la géomatique (la cartographie), tout en tentant de forcer le couvercle du boîtier qui lui résiste. « *En plus de la hauteur d'eau, l'idée est de pouvoir décrire avec précision le type de végétation (arbres, graminées) présente à l'image, mais aussi sa hauteur et sa densité.* » L'objectif de cette série de photos : mieux calibrer les images satellites, afin de pouvoir cartographier de façon semi-automatique la progression de la crue. « *Pour le moment, nous avons du mal à interpréter les données satellitaires de la zone,* indique Olivier Dauteuil. *Dans les chenaux, c'est facile, mais dans les plaines d'inondation, où l'eau se mêle à la végétation, c'est plus difficile. Or 75 % de l'eau qui migre avec la crue se retrouve dans cette zone mixte !* »
Le téléchargement des données du boîtier s'avère malheureusement décevant : démarré début novembre 2021, l'enregistrement s'interrompt brutalement à la mi-décembre, pour ne reprendre qu'à trois reprises, le 6 février, le 28 mars et le 17 mai 2022. Le constat sera le même pour le capteur installé à quelques kilomètres de là. Problème de panneaux solaires ? Les chercheurs en seront pour démonter les instruments et les ramener à Rennes, afin d'y diagnostiquer la panne. « *Dans des endroits isolés comme celui-ci, avec toutes les contraintes logistiques que cela suppose, on est content quand on a une donnée exploitable…* », commentent, philosophes, les géologues.

Un système qui pourrait disparaître

Il en faut plus pour les décourager. Car la question de la dynamique du delta n'intéresse pas que les scientifiques : véritable poumon vert sur ce plateau aride et havre d'une faune et d'une flore exceptionnelles, le delta constitue une source de revenus touristiques importante pour le Botswana, et son évolution sur le long terme intéresse de près les autorités du pays, surtout lorsque le changement climatique s'en mêle… « *Un système endoréique comme celui-ci ne dure pas éternellement,* explique Olivier Dauteuil. *On estime que le delta lui-même est apparu il y a environ dix mille ans. Il est l'héritier*

d'un grand lac qui couvrait une zone bien plus vaste, lequel lac a été en partie asséché lorsque la rivière Zambèze qui s'y jetait a trouvé le chemin de l'océan Indien… »

Le maillon faible du delta

« *Pour l'heure, le delta de l'Okavango ne porte pas l'empreinte du changement climatique,* poursuit Marc Jolivet. *Les variations de crue constatées d'une année sur l'autre ne sortent pas du signal naturel… Mais une baisse trop importante du régime des pluies en Angola par exemple, qui est l'un des scénarios possibles pour l'avenir (un autre scénario est au contraire une augmentation des précipitations), pourrait avoir des conséquences graves : nous avons montré lors d'une simulation numérique qu'une baisse de 10 % de la quantité d'eau se déversant dans le delta pourrait suffire à l'assécher, à terme. Une chose est sûre : la hausse des températures – elle est déjà de 1 °C ici – va augmenter le phénomène d'évaporation et modifier la composition de la végétation…* »

Une autre menace, tout aussi inquiétante, guette le delta de l'Okavango : que ses eaux soient « capturées » par le fleuve Zambèze qui coule non loin de là, au niveau des chutes Victoria situées à la frontière entre la Zambie et le Zimbabwe. « *La capture,*

La manière dont la crue se propage du nord au sud de la zone reste en grande partie un mystère pour les scientifiques.

◤ Prélèvements d'eau dans la nappe phréatique pour analyse.
© Cyril Frésillon/Géosciences Rennes/CNRS Photothèque

◥ À la saison sèche, cette girafe trouve dans le delta de précieuses prairies à graminées.
© Cyril Frésillon/CNRS Photothèque

c'est lorsqu'une rivière qui coule à côté d'une autre rivière se fait happer par celle-ci, à la suite de phénomènes d'érosion », explique Marc Jolivet. Si aujourd'hui, 96 à 98 % de l'eau qui circule dans le delta est piégée sur place, cela pourrait ne pas durer. *« Lors des épisodes de forte crue, le chenal situé le plus à l'est du delta de l'Okavango se connecte déjà à la rivière voisine (la Linyanti), elle-même séparée du fleuve Zambèze par un seuil de 3 à 4 mètres à peine,* s'inquiète le géologue, spécialiste de géomorphologie. *Impossible de dire avec certitude si ce seuil s'érodera, ni combien de dizaines ou de centaines d'années cela pourrait prendre, mais il constitue un vrai maillon faible et la possibilité est réelle que le delta soit un jour en totalité ou en partie siphonné par le Zambèze. »*

Un forage sous tension

Changement de décor. Pour la dernière journée passée sur le site, l'équipe de géologues a décidé de quitter les rives du chenal et de s'enfoncer en pick-up dans la savane forestière qui occupe le centre de Chief's Island. Ils ont repéré en remontant l'historique de Google Earth un étrange phénomène : des centaines d'arbres morts de façon soudaine, entre 2009 et 2012, un vrai paysage de désolation. Marc Jolivet soupçonne un empoisonnement et aimerait en avoir le cœur net. Il a des raisons pour cela : juste au-dessous de Nxaraga camp, à environ trois mètres de profondeur, une nappe phréatique naturellement polluée fait l'objet d'une surveillance continue depuis les années 1970. Cette eau hyperalcaline, d'un pH proche de 9 (celui de la soude caustique !) quand l'eau de surface du delta affiche un pH de 7, contient des concentrations très élevées de métaux et métalloïdes : vanadium, plomb, thorium, uranium, arsenic…

La mort subite de dizaines d'acacias et de mopanes, deux arbres typiques du delta, lui serine une petite musique : et si la nappe phréatique polluée repérée près du campement s'étalait bien au-delà, et avait causé la mort des arbres en question ? *« Mon hypothèse, c'est qu'à la suite d'une crue de forte ampleur – ce qui fut le cas des crues de 2010 et 2011, notamment –, cette nappe phréatique aurait pu remonter du fait des mouvements de sol et atteindre les racines des arbres »*, expose Marc Jolivet. Désireux d'en savoir plus, les chercheurs ont décidé d'aller forer le sol dans la zone où se trouvent les arbres morts. Le matériel utilisé, un carottier manuel requérant la force de deux personnes (une « tarière »), évoque

◣ Des centaines d'arbres sont morts. Soupçonnant un empoisonnement par une nappe phréatique naturellement polluée, les scientifiques forent pour en avoir le cœur net.

Véritable poumon vert sur ce plateau aride, le delta de l'Okavango constitue une source de revenus touristiques importante pour le Botswana.

plus les travaux forcés que la science moderne, surtout en plein soleil. « *Ce sont les contraintes du delta,* lâche Marc Jolivet en plein effort. *Les équipements que nous pouvons emmener sont limités en poids comme en encombrement – impossible de venir avec un groupe électrogène par exemple.* »
Tandis que le carottier s'enfonce péniblement dans le sol et que des carottes en sont retirées une à une, toute l'équipe est sur ses gardes et se tient prête à battre en retraite dans le véhicule à la moindre alerte. D'après Kaelo Makati, la zone dans laquelle nous nous trouvons est en effet une véritable nurserie pour éléphants, dans laquelle les mères emmènent leur progéniture gambader. Preuve qu'elles y viennent régulièrement : tous les mopanes ont été raccourcis par leurs soins, afin de pouvoir surveiller plus facilement les éléphanteaux ! Par chance, seul un mâle solitaire passe à proximité et s'éloigne sans montrer d'agressivité.
La chaleur et le temps qui file obligent les chercheurs à interrompre leur forage avant d'avoir trouvé ce qu'ils cherchaient – de l'eau – mais la présence d'argile humide leur donne l'espoir d'aboutir lors de leur prochaine mission. Avant de partir, ils tronçonnent dans un ultime effort – et toujours à la force des bras ! – deux arbres morts afin d'en ramener des tranches pour analyse. « *Chaque année, les arbres produisent de nouveaux cernes de croissance qui portent la trace des éléments chimiques puisés dans le sol. Logiquement, si empoisonnement il y a eu, on devrait y retrouver la trace des éléments chimiques responsables* », supputent les géologues, qui soumettront les rondelles au laser de leur laboratoire à Rennes.
« *On est obligés de se canaliser, car chaque nouvelle mission révèle d'autres pistes à explorer !* », plaisante Marc Jolivet, assis tout près du feu alors que la nuit et le froid tombent sur notre dernière soirée à Chief's Island. « *C'est la richesse de notre travail dans l'Okavango : il est profondément pluridisciplinaire, mêlant géologie, sédimentologie, hydrologie, écologie…* » Dès le surlendemain, les géologues partiront en canot et à travers une épaisse végétation explorer de nouvelles îles situées tout au nord du delta. Une expédition qui s'annonce très sportive. Vu du ciel, comme au ras de l'eau, le « *plus beau bureau du monde* », comme ils l'appellent, n'a pas fini de les étonner. ➜

[1] Unité CNRS/Université de Rennes 1.

Une mosaïque de paysages

Le delta de l'Okavango concentre une flore et une faune sans équivalent dans cette région d'Afrique. Plus de mille espèces de plantes, des dizaines d'espèces d'animaux, éléphants, lions, oiseaux, etc., sont présentes grâce à un écosystème en perpétuel changement.

C'est une collection unique en son genre, précieusement conservée dans des tiroirs à l'abri de la lumière. Le Peter Smith Herbarium, du nom du botaniste qui a patiemment collecté tous les spécimens rassemblés ici, témoigne de l'incroyable diversité de la flore du delta de l'Okavango. *« Plus de mille espèces de plantes sont présentes dans le delta, dont beaucoup ne poussent nulle part ailleurs au Botswana car il y fait trop sec »,* explique Mike Murray-Hudson, spécialiste de botanique à l'Okavango Research Institute (ORI), à Maun, où l'herbarium est progressivement numérisé. Parmi elles, des dizaines d'espèces de nénuphars, des herbacées, des graminées, des buissons aromatiques, des espèces d'arbres telles que le mopane, l'arbre à saucisse, les acacias, ou encore le Jackalberry tree dont les petits fruits âcres régalent les chacals (*jackal,* en anglais), mais aussi et surtout les éléphants qui n'hésitent pas à secouer ses branches pour les faire tomber…

◣ Un tiers du delta est toujours sous l'eau. Les deux tiers restants sont inondés de trois à six mois par an.

Dans cette zone humide vaste comme la Bretagne, la crue annuelle qui arrive d'Angola chaque hiver austral façonne des paysages en perpétuelle évolution. « *Un tiers du delta est toujours sous l'eau, ce sont les marais permanents,* explique Mike Murray-Hudson. *Les deux tiers restants sont inondés de trois à six mois par an, environ huit années sur dix, ce sont les plaines d'inondation. Dans ces espaces submergés une partie de l'année seulement, on assiste à une véritable rotation de végétaux : les plantes de type aquatique en période de crue sont remplacées par des plantes terrestres lorsque l'eau a disparu, sans oublier tout un continuum de végétaux capables de tolérer les deux environnements.* » Dernier paysage, typique du delta : celui des 25 000 îles, ces endroits toujours au sec qui émergent ici et là des plaines d'inondation. « *On parle d'îles, mais il peut parfois s'agir d'un simple talus,* précise Mike Murray-Hudson. *Elles sont faciles à reconnaître, c'est là que sont les arbres et les termitières – les termites ont en effet horreur de l'eau !* »

Des prairies fertiles en pleine saison sèche

Il s'en est pourtant fallu de peu que cette zone aujourd'hui protégée, qui fait partie intégrante de la Transfrontier Conservation Area Kavango-Zambèze (ou Kaza TFCA) – une zone de conservation transfrontalière réunissant le Botswana, l'Angola, la Namibie, la Zambie et le Zimbabwe –, ne disparaisse sous la pression du développement économique. « *Dans les années 1980, il était question de pomper l'eau du delta pour alimenter en eau la ville de Maun, mais aussi de creuser un canal depuis le delta pour irriguer la mine de diamants d'Orapa située à 250 kilomètres de là,* raconte Mike Murray-Hudson. *Ce dernier projet, avalisé par le gouvernement sans consultation des citoyens, a créé un tollé au niveau local et international. Finalement, tous les projets d'aménagement du delta ont été annulés, mais les gens d'ici ont réalisé combien on connaissait mal cet écosystème pourtant si particulier.* » C'est pour mieux l'étudier que l'Okavango Research Institute a été créé en 1994, il y a à peine trente ans donc, sous la férule de l'université du Botswana.

Car sans le delta et sa variété d'habitats, la faune qui attire ici les amoureux de la nature, écologues ou amateurs de safari, ne serait pas ce qu'elle est. D'octobre à novembre, en pleine saison sèche et alors que les températures peuvent flirter avec les 40 degrés, les plaines d'inondation qui ont été gorgées d'eau

Vivre en bonne entente avec les bêtes sauvages

Dans la région du Panhandle, au nord du delta de l'Okavango, des milliers de villageois subissent les conséquences de la cohabitation avec la faune sauvage : lions qui dévorent le bétail, éléphants qui détruisent les récoltes... Les chercheurs du projet Prosuli tentent de trouver des solutions.

Le 14 avril 2018, la vie de Kenna Baitishwenye a basculé. Ce jour-là, son mari est mort sur la route qui relie le hameau de Ndorotsa au village voisin de Seronga. Tué par un éléphant. *« Une femelle est sortie du bush avec son petit. Elle allait boire à la rivière, et n'a pas vu mon mari »*, explique la veuve, qui nous reçoit sous un arbre dans la cour de sa maison, avec famille et voisins. Des drames comme

Les villageois de Ndorotsa, dans la région du Panhandle, témoignent des menaces que les éléphants font peser sur leur vie quotidienne. Pour améliorer la situation, les passages empruntés le plus régulièrement par les éléphants ont été identifiés et sont matérialisés par des panneaux visibles depuis la route.

celui-ci, il s'en produit un tous les deux ou trois ans dans le district de Seronga. La présence de nombreux éléphants dans la région, surtout à la saison sèche qui les voit faire de nombreux allers-retours entre le bush et le delta nourricier, fait peser une menace quotidienne sur des milliers d'habitants. Aux premières heures du matin, ou à la tombée de la nuit, il est presque impossible de circuler en sécurité en dehors des villages. « *Notre vie est en danger à cause des éléphants* », se plaint un voisin, Tsekelio Tsheko, en sehumbukushu, l'une des langues parlées au Botswana. « *Quand on descend à la rivière, c'est un problème, quand on va dans les champs, c'est un problème, quand les enfants prennent le chemin de l'école, c'est un problème...* » Une situation qui s'est fortement dégradée ces dix dernières années, de l'aveu des villageois.

16 000 habitants et autant d'éléphants

Les chiffres parlent d'eux-mêmes : « *Dans la région du Panhandle, située tout au nord du delta de l'Okavango, il y a 16 000 habitants, 16 000 têtes de bétail et... 16 000 éléphants* », explique Richard Fynn, chercheur à l'Okavango Research Institute (ORI) et coordinateur pour le Botswana du projet Prosuli, pour *Promoting Sustainable Livelihoods*, lancé en 2018 avec le Centre de coopération internationale en recherche agronomique pour le développement (Cirad), le CNRS *(voir encadré, p. 24)* ou encore l'université de science et technologie du Zimbabwe, afin d'améliorer les conditions de vie des humains vivant à l'intérieur ou à proximité des zones protégées. Si l'éléphant des savanes est menacé à l'échelle de l'Afrique, où ses effectifs ont été divisés par deux en l'espace de quarante ans, passant de 1 million à 450 000 individus, ce n'est pas le cas au Botswana, où sa population a bondi de 300 % entre 1992 et 2012, faisant du pays un véritable sanctuaire pour les pachydermes, avec un effectif estimé de 130 000 individus. Au-delà des accidents tragiques, les dégâts qu'ils occasionnent sur les récoltes pèsent lourdement sur l'économie fragile des villages du Panhandle. On ne compte plus les champs vivriers de sorgho, millet, citrouilles... ravagés par les éléphants. Il n'est guère de clôtures qui dissuadent ces mastodontes, et les bouteilles en plastique érigées sur les poteaux pour les effrayer semblent bien dérisoires.

« *Le problème des zones de conservation, telles qu'elles ont été mises en place sous la colonisation et telles qu'elles continuent d'être gérées par la plupart des États africains, c'est qu'elles ne profitent pas aux habitants qui vivent à proximité et en subissent tous les inconvénients : dégâts sur les récoltes, mais aussi déprédations par les carnivores, comme les lions qui, ici, s'attaquent au bétail qui pâture dans les plaines inondables »*, pointe Richard Fynn. Résultat : des lions sont régulièrement empoisonnés, en représailles, et les actes de braconnage sur les éléphants se multiplient, selon le chercheur qui plaide pour que les villageois du Panhandle soient pleinement impliqués dans la gouvernance des zones protégées du nord du delta, et en tirent de véritables bénéfices. *« Bien souvent, on se contente de leur rétrocéder un peu d'argent pour les dédommager des terres qui étaient autrefois les leurs, ou de leur proposer ponctuellement des jobs dans l'industrie touristique. Mais cela ne peut pas faire vivre des villages entiers, et cela ne leur rend pas leurs droits. »*

Prosuli, un projet bâti avec les villageois

Plusieurs initiatives ont vu le jour dans la région, ces dernières années, à l'initiative d'ONG de protection de la nature. Des passages empruntés prioritairement par les éléphants ont ainsi pu être identifiés grâce au travail d'EcoExist : ces « corridors à éléphants », larges de plusieurs centaines de mètres, sont matérialisés par des panneaux visibles depuis la route et sont désormais pris en compte par le Landboard local, la commission qui alloue les terres aux villageois, pour éviter que des parcelles cultivées y soient implantées. Autre initiative récente : celle de l'ONG Claws, qui vise à améliorer la cohabitation entre les humains et les lions, et sur laquelle s'appuie en partie le projet de recherche Prosuli.

Espace protégé, le delta de l'Okavango fait en réalité partie d'une zone de conservation plus vaste, à cheval entre cinq pays voisins : la zone de conservation transfrontalière Kavango-Zambèze (Transfrontier Conservation Area Kavango-Zambèze, ou Kaza TFCA), qui associe Namibie, Angola, Botswana, Zambie et Zimbabwe. La faune sauvage, en effet, ne connaît pas de frontières… *« Si cette TFCA est née, comme les dix-sept autres aujourd'hui en fonctionnement en Afrique australe, avec une double philosophie – contribuer à la protection de la faune sauvage et participer au développement socio-économique des populations qui y vivent –, force est de reconnaître que les populations passent bien souvent au second plan »*, déplore Alexandre Caron, chercheur au Cirad et

Pour mieux gardienner les vaches et dissuader les lions qui les prédataient, quatorze vachers et vachères ont été formés grâce aux fonds débloqués par le projet Prosuli.

coordinateur général du projet Prosuli. La particularité de Prosuli, déployé dans quatre sites de la Kaza TFCA, est de renverser la perspective, en se focalisant uniquement sur les conditions de vie des habitants. Avec une originalité : les chercheurs ne sont pas venus avec une idée préconçue des actions à mettre en œuvre, mais ont littéralement coconstruit les activités du projet avec les villageois, via l'organisation d'ateliers participatifs – une méthode privilégiée par le Cirad depuis plusieurs années déjà. Résultat, dans le Panhandle : ce sont les questions liées à la gestion du bétail qui sont arrivées en tête des priorités.
« *Tout le monde possède du bétail dans le Panhandle, c'est le Livret A des gens d'ici, on vend une vache pour financer un mariage, ou des funérailles...*, explique Alexandre Caron. *Voir ses bovins attaqués par les lions est forcément un problème, mais ce n'est pas le seul. Car au-delà de ces ventes ponctuelles, il n'y a pas de véritable marché pour le bétail à même de procurer des revenus réguliers aux familles.* » La zone du delta est en effet une zone de prévalence de la fièvre aphteuse, et les prix y sont cinq à six fois inférieurs aux prix pratiqués ailleurs au Botswana ; les animaux se vendent d'autant plus difficilement qu'il n'y a pas d'abattoir sur place, et qu'il faut les transporter jusqu'à la ville principale du delta, Maun, située à plus de neuf heures de camion sur une route défoncée. Plusieurs solutions ont donc été mises en place pour tenter de mieux protéger le bétail, mais aussi mieux le valoriser.

Des revenus pour la population

Curieux d'en savoir plus, nous retrouvons en ce début de matinée Lentletse Phuti et son équipe de six jeunes vachers et vachères, à l'extérieur du village d'Eretsha. Ils sont déjà en plein travail : au milieu de l'enclos où près de deux cents vaches ont passé la nuit, ils tentent d'attraper les bovidés au lasso afin de les traiter contre la « tique bleue », une maladie de peau pouvant entraîner la mort de l'animal. Rien dans la scène n'est en réalité habituel : ni le troupeau considérable, ni les soins vétérinaires qu'on lui prodigue, ni l'enclos en toile à l'intérieur duquel l'action prend place.
Au milieu de l'agitation, Lentletse Phuti nous explique. « *Avant, ce sont les enfants qui gardaient les troupeaux, mais depuis que l'école est obligatoire, les animaux sont laissés sans surveillance dans les plaines d'inondation. L'idée, c'est que les propriétaires mettent leurs*

Des soins sanitaires sont apportés aux animaux par les jeunes vachers.
© Cyril Frésillon/CNRS Photothèque

bêtes en commun et nous les confient. Le troupeau qui est ici rassemble en réalité les vaches de sept propriétaires différents. La journée, nous les emmenons pâturer dans les prairies, et le soir, nous les mettons à l'abri dans le "boma" en toile. » Cet enclos fait d'une toile de type toile de tente de deux mètres de haut est une nouveauté : il empêche les lions de voir les bovins et s'avère également trop haut pour qu'ils puissent sauter par-dessus. Mobile, il est régulièrement déplacé afin que le bétail profite des qualités nutritives de toutes les herbacées et graminées présentes sur la zone. *« Grâce au travail d'un étudiant de l'ORI financé par Prosuli, nous connaissons exactement les valeurs en protéines, sodium, potassium... des différents types de végétaux disponibles, saison après saison »*, précise Richard Fynn.
Les vachers, tous des jeunes du village, ont été formés grâce aux fonds débloqués par Prosuli et sont rémunérés par Claws, l'ONG partenaire du projet. Au total, ils sont quatorze à s'occuper de deux troupeaux. Les résultats sont encourageants, même si de nombreux villageois restent encore à convaincre : en plus d'être protégés contre les lions, les bovins sont en meilleure santé grâce à un suivi sanitaire régulier. Depuis la mise en place du premier troupeau gardienné, en 2019, un seul incident est à déplorer : des lions qui rôdaient autour de l'enclos ont réussi à affoler les vaches, qui dans un mouvement de panique ont défoncé les barrières et se sont retrouvées face aux prédateurs. Depuis, les enclos ont été agrandis pour éviter ce genre de problème.
Afin de compléter le dispositif, un abattoir financé par Prosuli devrait également voir le jour à Eretsha, ainsi qu'un système de « quarantaine mobile » développé par Claws, permettant aux animaux de passer quatre semaines dans un enclos, le temps de lever le soupçon d'une éventuelle contamination par la fièvre aphteuse. *« Cela va complètement changer le regard de la BMC, la Botswana*

À Hwange, au Zimbabwe, l'eau au cœur du projet Prosuli

Le Parc national de Hwange, au Zimbabwe voisin, fait partie des quatre sites retenus dans le cadre du projet Prosuli. Le lieu est bien connu des chercheurs : le CNRS y anime ainsi depuis plus de dix ans une zone-atelier où des recherches pluridisciplinaires sont menées sur les écosystèmes de savane et les défis du développement socio-économique[1]. Ici, les acteurs locaux ont identifié l'eau comme la ressource à mieux gérer en commun dans le cadre de Prosuli : plusieurs puits ont été réhabilités et deux puits avec pompe à panneaux solaires ont été construits, dans sept villages.
De petits jardins irrigués attenants ont également vu le jour, dont les produits vendus par les villageoises permettent notamment de financer les frais de scolarité des plus jeunes. La gestion durable de l'eau et des jardins par des comités villageois a aussi été accompagnée par le projet.

[1] En savoir plus sur la zone-atelier de Hwange : https://www.za-hwange.cnrs.fr

Meat Commission, qui gère le marché de la viande à l'échelle du pays », veulent croire Richard Fynn et Alexandre Caron, qui misent aussi sur un marché plus local, celui-là : celui des lodges haut de gamme, disséminés un peu partout dans le delta. « *Ces infrastructures touristiques se disent prêtes à acheter de la viande de bonne qualité, produite dans le respect de la faune sauvage (sans déprédation par les lions, il n'y aura pas de représailles des villageois)* », affirment les chercheurs. Elles y verraient un autre avantage : des vaches bien gardées ne viendront plus s'égailler dans le delta, à proximité des bâtiments ou des pistes d'atterrissage notamment – les touristes qui ont acheté le « rêve africain » supportent mal en effet de tomber nez à museau avec de vulgaires bovins...

Des vaches en meilleure santé, un vrai marché pour le bétail, des lions moins persécutés, des relations avec les lodges apaisées... L'équation gagnante, les chercheurs l'espèrent, pour que ce sanctuaire pour la faune sauvage soit un succès dans le temps long, à tous les niveaux. **L. C.** ◥

◥ Une toile de 2 mètres de haut est installée pour empêcher les lions de pénétrer dans l'enclos où le troupeau passe la nuit.
© Cyril Frésillon/CNRS Photothèque

À voir

Notre reportage vidéo « Au Botswana, un incroyable fleuve dans le désert » sur lejournal.cnrs.fr et nos reportages photographiques sur images.cnrs.fr

Ils répondent aux noms de ChatGPT, DeepL, Dall-E, ou encore Synthesia. Grâce aux progrès de l'intelligence artificielle, les générateurs automatiques de contenu semblent aujourd'hui pouvoir tout faire. Ils nous fournissent toutes sortes de textes, de traductions, d'images ou de vidéos… Mais comment s'y prennent-ils ? Et ont-ils vraiment les pouvoirs qu'on leur prête ?

Mythes et limites des générateurs de contenu

Par Salomé Tissolong
Illustrations Louis Otis

« ***Je travaille sur la génération automatique depuis trente ans,*** *et d'un point de vue scientifique, ce sont aujourd'hui des résultats époustouflants*, reconnaît Claire Gardent, chercheuse en linguistique informatique, au Laboratoire lorrain de recherche en informatique et ses applications[1], et médaille d'argent du CNRS pour ses travaux sur le traitement automatique des langues. *Il y a dix ans, on était très loin de ça. Il y a cinq ans, on ne pensait pas que c'était possible… L'arrivée des méthodes neuronales, permettant aujourd'hui de générer des textes qui ont l'air écrits par un humain, a vraiment été une révolution.* » Si la scientifique est enthousiasmée par ces progrès, on est franchement bluffés par des plateformes telles que ChatGPT. Lancée en novembre 2022 par

OK

la société OpenAI, elle se présente sous forme de chat et génère une multitude de textes : elle répond à nos questions les plus sérieuses comme les plus farfelues, résout des problèmes de maths, rédige de nombreux contenus : un mail, une dissertation, un poème... La liste est encore longue. Comme elle, plusieurs systèmes utilisant l'intelligence artificielle (IA) ont été développés et perfectionnés au cours de ces dernières années : Dall-E crée des images à partir de descriptions textuelles, Synthesia permet de transformer un texte en une vidéo, en choisissant un avatar parlant, DeepL est un service de traduction en ligne à la pointe de la technologie...

Ces systèmes fonctionnent sur le machine learning, l'« apprentissage automatique », qui permet aux ordinateurs d'apprendre par eux-mêmes, à partir de données.

Données, statistiques, algorithmes et...

Mais comment font-ils ? Si ces systèmes effectuent des tâches différentes, ils fonctionnent sur un même principe : le *machine learning*, l'« apprentissage automatique ». Fondé sur des principes statistiques, il permet aux ordinateurs d'apprendre par eux-mêmes, à partir de données. Ils peuvent ainsi améliorer leurs performances à résoudre des tâches, sans être explicitement programmés pour chacune. Après une phase d'entraînement sur une base de données préalablement classée et annotée par des humains, le modèle est déterminé : de nouvelles données inédites lui sont alors soumises afin d'exercer le modèle et vérifier qu'il réalise de mieux en mieux la tâche souhaitée. Ce type de système s'appuie sur une analyse probabiliste : le contenu généré – une suite de mots, une image, etc. – est celui qui est le plus probable. Les algorithmes de *machine learning* existent depuis longtemps, mais le bond en avant réalisé par l'intelligence artificielle ces dernières années est dû, non seulement à l'explosion de la quantité totale de données (photos, images, textes, etc.) sur lesquelles ces systèmes peuvent s'entraîner, mais aussi au développement du *deep learning* (« apprentissage profond »). Fondée sur un modèle de réseau neuronal, cette technique donne la possibilité à la machine d'atteindre une plus grande complexité de fonctionnement. Les algorithmes utilisés sont alors de plus en plus complexes et permettent d'analyser, classer et interpréter d'énormes quantités de données. Mais rappelons-le, les énormes bases de données sur lesquelles ces générateurs sont aujourd'hui entraînés sont des productions humaines ! Le modèle de langage sur lequel repose ChatGPT et qui compte 175 milliards de paramètres est entraîné sur des milliards de textes provenant du Web, collectés depuis 2012.

...165 millions de travailleurs en ligne

Si performants soient-ils, le fonctionnement même de ces systèmes présuppose un énorme travail humain. Antonio Casilli, sociologue spécialiste du travail dans le domaine du numérique et professeur à Télécom Paris, évoque le rôle crucial de ceux qu'il nomme les microtravailleurs. Ils réalisent en effet

Plus d'un siècle sépare ces deux « œuvres »… le temps de remplacer les mains de l'artiste par une intelligence artificielle : à gauche, *La Méridienne* ou *La Sieste*, huile sur toile (1890) réalisée par Vincent van Gogh, conservée au musée d'Orsay, à Paris, elle-même inspirée de *La Sieste* de Jean-François Millet (1814-1875) et, à droite, l'image produite par Dall-E 2. © Bridgeman Images ; © Dall-E 2/OpenAI

Grâce au *deep learning* (« apprentissage profond »), fondé sur un modèle de réseau neuronal, à l'image du cerveau humain, la machine peut analyser, classer et interpréter d'énormes quantités de données. ©pdusit/Stock.Adobe.com

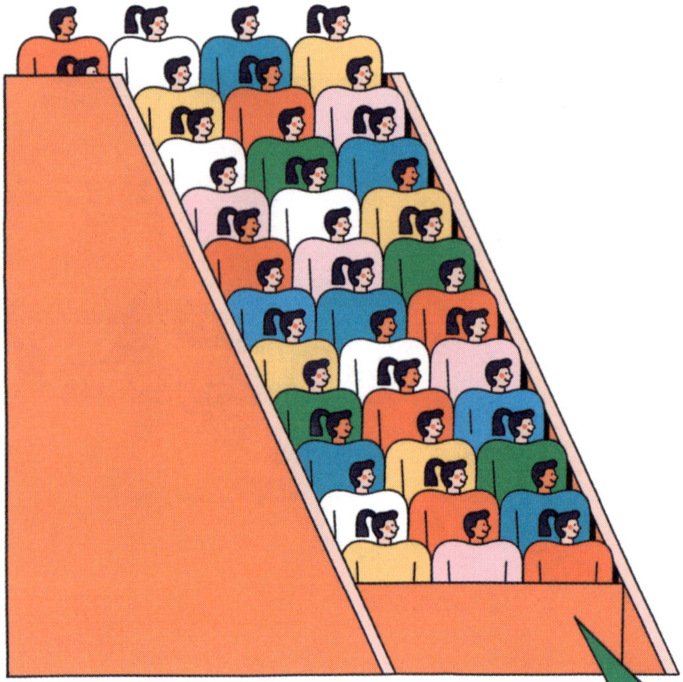

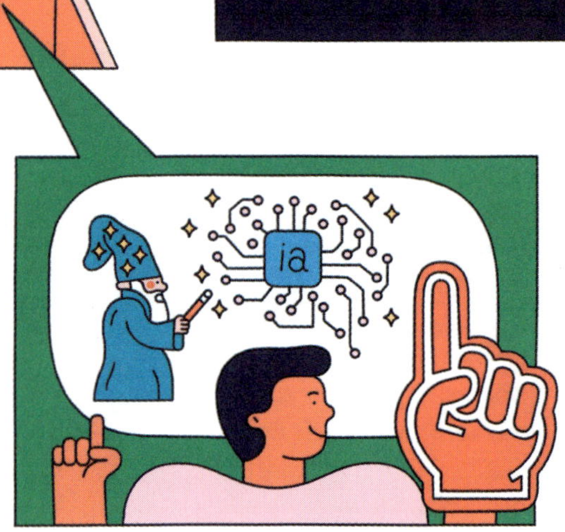

une quantité considérable de petites tâches simples mais que ne savent pas encore faire les machines, comme déterminer si un visage est triste ou joyeux. En 2019, des chercheurs estimaient qu'il y avait 260 000 microtravailleurs occasionnels en France métropolitaine, et 165 millions de travailleurs en ligne dans le monde. Les humains peuvent jouer plusieurs rôles dans ce travail du clic, à commencer par celui du préparateur : celui-ci sélectionne, filtre les contenus de la base de données qui sont pertinents et utilisables pour le système. Il existe aussi des vérificateurs : quand une intelligence artificielle est lancée sur le marché, il faut vérifier qu'elle fonctionne conformément à ce qu'elle promet de faire. On observe enfin un travail d'imitation de l'intelligence artificielle : « *Quand elle est sur le marché mais qu'elle dysfonctionne, on doit lui donner un coup de pouce. Par exemple, si Siri n'arrive pas à réaliser la tâche qu'un utilisateur lui a demandé de faire, une personne peut intervenir.* »

Les utilisateurs, des entraîneurs bénévoles ?

Si l'on reste sur le modèle du *machine learning*, on ne se passera donc pas du travail humain. « *Mais le risque est qu'on rende ce travail de plus en plus invisible, de moins en moins bien payé et de moins en moins reconnu...* », explique le chercheur. Ces microtravailleurs sont en effet payés à l'heure ou à la tâche – pour quelques centimes. Mis en concurrence, ils se concentrent majoritairement dans des pays où les rémunérations sont les plus basses, et toute régulation est difficile à mettre en œuvre pour ce type d'emplois. En janvier 2023, une enquête du magazine *Time*[2] a ainsi révélé qu'OpenAI a fait appel à l'entreprise américaine Sama pour entraîner ChatGPT, afin qu'il évite de produire des réponses choquantes ou problématiques. Pour moins de 2 $ de l'heure, les employés de Sama, des travailleurs kényans, devaient lire des textes et y signaler les passages sensibles – sexistes, racistes, décrivant

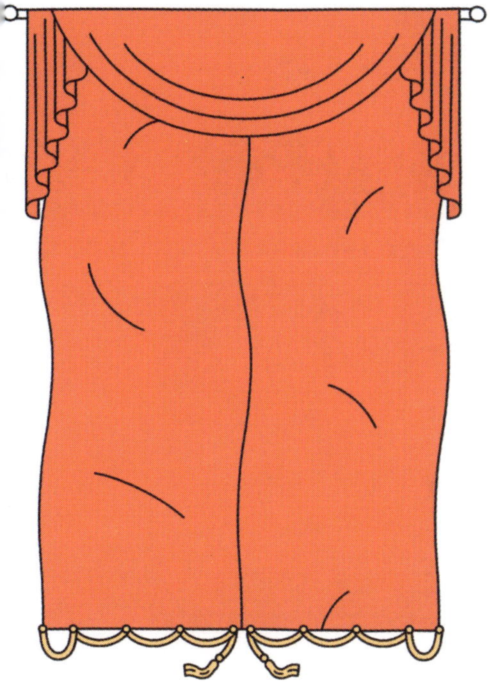

des automutilations, incestes ou contenus pédopornographiques... – afin d'apprendre à l'IA à les repérer et à s'autocensurer. L'exposition répétée à de tels contenus finit par être traumatisante. Antonio Casilli rappelle enfin que le travail du clic n'est pas uniquement réalisé par les microtravailleurs : « *Les utilisateurs réalisent constamment ce même travail d'entraînement et de vérification de l'IA. Par exemple, à chaque fois que nous notons si nous sommes satisfaits ou non de la réponse donnée par ChatGPT, nous le réentraînons et aidons le développement du prochain modèle.* »

Biais de genre et traduction

La génération de contenu constitue néanmoins un appui très utile dans de nombreux domaines. Elle garantit des gains de temps et d'argent aux entreprises – une vidéo générée par Synthesia peut leur éviter des journées de tournage et de montage –, vient en aide aux humains, les dispense de tâches pénibles, répétitives, ou permet de répondre à une demande très forte de contenus. Ainsi, dans un contexte de mondialisation, les besoins en traduction ont tellement explosé que l'aide des machines est devenue indispensable, car les humains ne peuvent y faire face.

Il faut cependant comprendre les limites de ces systèmes, qui ne sont pas forcément fiables. Tout d'abord parce que les réponses fournies par ces générateurs dépendent du corpus sur lequel ils ont été entraînés : si ce corpus contient lui-même des biais – sexistes, racistes, religieux, etc. – le générateur produira des réponses racistes et sexistes. Les informaticiens résument d'ailleurs ce phénomène par l'expression « *garbage in, garbage out* » (Gigo)... François Yvon, spécialiste des modèles de langue au Laboratoire interdisciplinaire des sciences du numérique[3], a étudié les biais de genre présents dans les systèmes de traduction automatiques neuronaux, notamment dans le cas de la traduction de l'anglais vers le français. Si les noms n'ont pas de genre grammatical en anglais, ils sont féminins ou masculins en français. « *Par exemple, quand le texte source parle de* "nurse", *on ne sait pas si c'est une femme ou un homme, mais le système de traduction français doit attribuer un genre,* explique-t-il. *Et le traducteur a tendance à dire que "nurse" est systématiquement une infirmière, même si le texte anglais en question dit clairement que ce "nurse" est un homme. On a observé ce travers pour les professions dans beaucoup de langues. Notre hypothèse principale est qu'un biais est présent dans les corpus de la langue cible. »* La probabilité de voir « infirmière » dans les textes français est très majoritaire, donc le système va forcément imposer le féminin. Pour éviter ces biais, il faut alors corriger manuellement les corpus de ces générateurs de contenu, mais la tâche est très difficile ! En outre, la correction dépend de l'éthique de l'entreprise qui l'effectue.

En janvier 2023, une enquête du magazine Time a révélé qu'OpenAI a fait appel à l'entreprise américaine Sama pour entraîner ChatGPT à ne pas produire des réponses choquantes ou problématiques.

Quid de la diversité linguistique ?

Autre problème pointé par Thierry Poibeau, spécialiste du traitement du langage naturel au laboratoire Langues, textes, traitements informatiques, cognition[4] : le traitement automatique des langues dites « minoritaires ». « *Ces systèmes sont mis au point à partir de milliards de textes, mais il n'y a que quelques dizaines de langues pour lesquelles on a assez de données pour permettre ce type d'analyse.* » Sachant qu'il existe 7 000 langues recensées dans le monde... Le chercheur s'intéresse ainsi à des langues moins répandues, telles que les langues ouraliennes. « *On se demande comment produire des systèmes avec une qualité équivalente, sans disposer de millions de textes, et donc d'exemples sur lesquels le système pourra s'appuyer... De plus, les langues minoritaires ont souvent une complexité morphologique plus importante que l'anglais (au moins 18 cas grammaticaux pour le hongrois). Les enjeux sont enfin culturels et éthiques, si on veut que la diversité linguistique demeure autour de nous.* »

Enfin, il ne faut pas oublier non plus que la fonction d'une plateforme comme ChatGPT n'est aucunement de proposer un contenu vrai ou vérifié, mais seulement un texte plausible et en apparence bien formé. Par exemple, un générateur de texte prédit seulement quelle suite de mots vient fréquemment après celle qu'on lui donne... Quitte à raconter n'importe quoi. Il arrive donc que ces systèmes commettent des erreurs grossières, mais présentées de manière très crédible. Il est donc périlleux de les croire sur parole. « *Mais hormis les traducteurs professionnels, c'est justement quand on ne parle pas une des deux langues qu'on a besoin d'utiliser un traducteur automatique*, ajoute Thierry Poibeau. *Donc le problème, c'est qu'on a du mal à savoir s'il dit juste... La plupart des personnes ne peuvent pas contrôler ces traducteurs, alors qu'il leur arrive de faire des erreurs : ajouter des informations, en transformer, dire des choses fausses...* »

Des usages utiles et des dérives

Selon David Chavalarias, directeur de recherche au CNRS, directeur de l'Institut des systèmes complexes de Paris Île-de-France (CNRS) et chercheur au Centre d'analyses et de mathématiques sociales[5],

Pour moins de 2 $ de l'heure, des travailleurs kényans, employés par la société américaine Sama, lisent des textes et signalent les passages sensibles - sexistes, racistes, décrivant des automutilations, incestes ou contenus pédopornographiques... - afin d'apprendre à l'intelligence artificielle à les repérer et à s'autocensurer.
© Sven Torfinn/PANOS-REA

ces générateurs présentent des dangers si l'on n'a pas conscience de leur fonctionnement ou qu'on les utilise pour des tâches critiques, par exemple traduire des diagnostics médicaux... « *Mais l'usage de ces technologies peut être très intéressant, si elles sont maniées par des personnes expertes*, ajoute-t-il. *Cela peut par exemple permettre d'accélérer l'étude de certains documents, mais si vous êtes suffisamment expert pour départager ce qui est utile et ce qui est nuisible !* » Ces générateurs peuvent donc constituer des outils majeurs, notamment pour la recherche scientifique.

Depuis 2012, David Chavalarias développe d'ailleurs avec Alexandre Delanoë, également de l'Institut des systèmes complexes de Paris Île-de-France, un logiciel au sein du CNRS, nommé Gargantext. Il permet à ses utilisateurs – des chercheurs et des étudiants – d'explorer de grands corpus de données, et aide à les structurer. Il peut par exemple identifier dans les textes des éléments pertinents, en proposer des visualisations, créer des représentations sous

formes de graphiques… L'utilisateur peut aussi revenir aux sources du texte, ce qui n'est pas le cas avec ChatGPT. L'une des applications pourrait être de créer des corpus d'apprentissage fiables, contrôlés par des communautés de spécialistes.

Si certains en font un usage utile, les systèmes de génération de contenu peuvent représenter de réels dangers sociétaux. Le contenu, maintenant si facile à générer, peut être exploité à des fins malhonnêtes, notamment par des *bots* (« robots ») : il est aujourd'hui encore plus simple d'inonder Internet de fake news, d'informations plausibles mais parfaitement fausses. Cela renforce les risques de désinformation, de manipulation de la population ou encore d'arnaques telles que l'hameçonnage. Des pratiques telles que le *deepfake*, qui consiste à superposer de façon réaliste des fichiers vidéo ou audio existants sur d'autres fichiers, nous exposent aussi à de grands dangers. La possibilité d'incruster le visage d'une personne sur celui d'une autre dans une image ou une vidéo peut aboutir à des canulars malveillants, du harcèlement, voire de la manipulation à plus grande échelle.

Pillage artificiel

La génération de contenu pose de nombreuses questions éthiques. Les programmes générant des images, tels que DALL-E, Midjourney ou Stable Diffusion, ont par exemple été entraînés sur des œuvres qui ne sont pas forcément libres de droit. Des artistes dénoncent une appropriation de leurs œuvres sans leur consentement. Pour cette raison, l'agence Getty Images a porté plainte contre Stable Diffusion en janvier 2023[6]. Et si des artistes utilisent depuis plusieurs années l'intelligence artificielle pour créer des œuvres, on peut aujourd'hui se demander si les machines, qui ont gagné beaucoup d'autonomie, peuvent créer une œuvre. En théorie non, une œuvre étant forcément une création

humaine, mais cela ouvre des débats dans le monde de la propriété intellectuelle[7]. Les craintes liées au plagiat concernent également les outils de création de textes. Il est maintenant très facile de générer un article, une dissertation ou encore un exposé en quelques secondes et sans effort. Cela inquiète notamment les enseignants, car s'il est possible d'identifier les contenus copiés-collés à partir d'Internet dans les devoirs des étudiants, les productions de ChatGPT sont plus difficilement détectables, car il génère un contenu unique pour chaque devoir… Face à ce danger, Sciences Po Paris a interdit, en janvier 2023, l'utilisation de ChatGPT *« ou de tout autre outil ayant recours à l'IA »* pour les productions orales ou écrites[8].

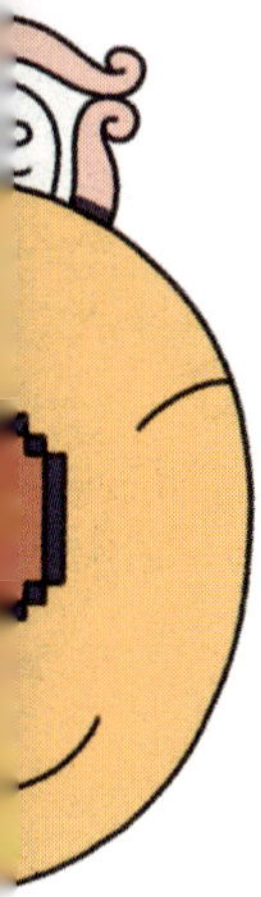

Un test de Turing inversé ?

Alors que pendant des années le Graal des sciences informatiques a été de mettre au point des systèmes capables de satisfaire le test de Turing – produire des réponses dont un humain serait incapable de distinguer si elles viennent d'un humain ou d'une machine –, elles sont désormais confrontées au problème inverse. Comment faire pour détecter si un contenu vient d'un humain ou d'une plateforme de génération automatique ? « *Face à cet enjeu très important, plusieurs outils ont rapidement été développés*, répond la chercheuse Claire Gardent. *OpenAI, qui a créé ChatGPT, a déjà mis à disposition un "classifieur", nommé ZeroGPT. Accessible à tous, il est entraîné pour dire si un texte est généré ou non par ChatGPT. Pour ce faire, on a attribué une étiquette aux textes générés par ChatGPT, et une autre étiquette aux textes pris sur le Web. Cela permet d'apprendre à un modèle qui, quand on lui soumet un texte, permet de prédire quelle est l'étiquette (un texte généré par ChatGPT ou non).* »

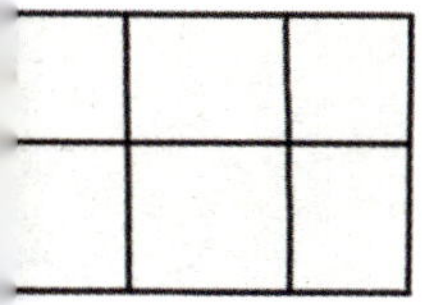

On peut aussi citer GPTZero, développé par Edward Tian, étudiant de l'université de Princeton. « *L'idée, c'est qu'un modèle généré automatiquement aura un certain type de probabilités, qui va être un peu différent de ce que quelqu'un a écrit à la main*, éclaire Claire Gardent. *GPTZero distingue un texte généré automatiquement, car il va être un peu répétitif, utiliser les probabilités du modèle qui sont fixes, tandis que les humains n'ont pas les mêmes modèles probabilistes.* » Si plusieurs techniques se développent, elles ne suffisent pas à protéger la population des mauvaises utilisations de l'intelligence artificielle. Ces méthodes ne sont jamais efficaces à 100 % et malgré leur amélioration, les erreurs persistent. Ce qui ne dissipe pas encore nos craintes pour l'avenir…

[1] Unité CNRS/Institut national de recherche en informatique et en automatique/Université de Lorraine.

[2] « Exclusif : OpenAI a utilisé des travailleurs kényans avec moins de 2 $ de l'heure pour rendre ChatGPT moins toxique », à lire sur https://time.com/6247678/openai-chatgpt-kenya-workers/

[3] Unité CNRS/Université Paris-Saclay.

[4] Unité CNRS/ École normale supérieure-PSL/Université Sorbonne Nouvelle.

[5] Unité CNRS/École des hautes études en sciences sociales.

[6] « Getty Images porte plainte contre l'IA de Stable Diffusion, qui imite son logo », Numerama, à lire sur www.numerama.com/tech/1241200-getty-images-porte-plainte-contre-lia-de-stable-diffusion-qui-imite-son-logo.html

[7] « À qui appartiennent les textes et les images générés par une intelligence artificielle ? », *Le Monde*, à lire sur www.lemonde.fr/pixels/article/2023/01/20/a-qui-appartiennent-les-textes-et-les-images-generes-par-une-intelligence-artificielle_6158715_4408996.html

[8] « Sciences Po interdit à ses élèves d'utiliser ChatGPT », *Le Parisien*, à lire sur www.leparisien.fr/etudiant/examens/sciences-po-interdit-a-ses-eleves-dutiliser-chatgpt-T6YD5XTU4VHJ7OHO7QXF372BGI.php

« Nous sommes un gang, mais pas comme tu l'imagines : nous sommes des révolutionnaires. » De quoi attiser la curiosité de l'anthropologue Martin Lamotte, qui a enquêté pendant quatre ans sur le gang international Los Ñetas, ses codes et ses métamorphoses, du crime à l'action politique.

Los Ñetas
l'émancipation par le crime ?

Propos recueillis par Warda Mohamed

Vous avez enquêté plus de quatre ans sur le gang des *Ñetas*, aussi appelé la *Asociación* : quelle est son originalité par rapport à d'autres organisations criminelles ?
Martin Lamotte[1]. C'est une organisation dont la longévité est impressionnante puisqu'elle a été créée dans les années 1980 et existe encore. Ensuite, la trame historique et la transmission y ont une place très importante alors que d'habitude, ce type d'organisation a une durée de vie plus courte, traditionnellement de l'ordre d'une génération. Mais la particularité principale de ce gang c'est son ambiguïté car il a à la fois une composante criminelle et une composante politique : ses membres peuvent être partie prenante du marché de la drogue et des armes à feu et, en même temps, le groupe a un ancrage politique très fort. À Porto Rico par exemple, Carlos Torres Iriarte, chef fondateur du gang, est devenu très proche du parti socialiste dont il a protégé des prisonniers politiques

Prison de Rikers Island, New York, 31 mars 2017. Dans les années 1980-1990, des Portoricains venus à New York lors des grandes migrations économiques vers les États-Unis ont relancé les Ñetas lors de leur incarcération dans ce centre pénitentiaire. © Spencer Platt/Getty Images/AFP

NEW YORK CITY
DEPARTMENT OF CORRECTION
RIKERS ISLAND
CORRECTION DEPARTMENT
CITY OF NEW YORK
HOME OF NEW YORK CITY'S BOLDEST
"Patrolling the toughest blocks in NYC since 1895"
GRVC
GEORGE R. VIERNO CENTER
JATC
JAMES A. THOMAS CENTER
NIC
NORTH INFIRMARY COMMAND

indépendantistes en prison. À New York, dans les années 1990, les Ñetas ont assuré le service d'ordre lors de manifestations contre les violences policières, incité les jeunes à s'inscrire sur les listes électorales ou aidé aux campagnes politiques de certains élus dans le South Bronx *(zone comprenant des quartiers de la partie sud de l'arrondissement new-yorkais du Bronx, Ndlr).*
Enfin, ils ont une pratique de l'écriture très importante, de type bureaucratique : les réunions donnent lieu à des comptes-rendus et les secrétaires tiennent des comptes pour le système de banque interne, le *fondo*. Surtout, les Ñetas ont écrit un livre, le *Liderato*, qui décrit en détail l'histoire de Carlos Torres Iriarte, l'association, ses règles... Cette institutionnalisation de l'écrit caractérise le gang.

Pouvez-vous nous en dire plus sur l'histoire criminelle des Ñetas ?

M. L. Les Ñetas sont nés en 1981 dans les prisons de Porto Rico quand le père fondateur de la Asociación, Carlos Torres Iriarte (surnommé Carlos La Sombra, « l'ombre »), a été assassiné par un gang rival, le Grupo 27. Si Carlos Torres Iriarte est le fondateur du gang, ce sont ses amis qui, en tuant la plupart des membres du Grupo 27 pour venger sa mort, ont acté la naissance des Ñetas, en quelque sorte. À Porto Rico, le gang est uniquement présent en prison.
Entre 1980 et 1990, les Portoricains, qui sont citoyens américains, sont partis à New York lors de grandes migrations économiques vers les États-Unis. Ceux d'entre eux qui ont été détenus dans la prison new-yorkaise de Rikers Island y ont relancé les Ñetas. Puis, au début des années 1990, pour la première fois de l'histoire de la Asociación, des ex-prisonniers de Rikers Island l'ont développée à l'extérieur en créant des chapters *(« sections », Ndlr)* dans les rues de Brooklyn et du South Bronx. Mais en 1994, Rudy Giuliani[2], élu maire de New York, mène une politique de tolérance zéro et traque les Ñetas, impliqués dans le trafic de drogue. Au même moment, le groupe se déploie dans toute la ville et au-delà : deux prisonniers équatoriens de Rikers Island expulsés à Guayaquil *(ville de la République d'Équateur, Ndlr)* y ont implanté la Asociación et, dans les années 2000, la Asociación s'établit en Espagne à Madrid et à Barcelone, en Italie à Gênes, en République dominicaine, au Canada et en Russie.

Comment avez-vous établi le contact avec les Ñetas ?

M. L. J'ai rencontré les Ñetas par l'intermédiaire de l'un de leurs anciens présidents, que je nomme Bebo dans mon livre (*Au-delà du crime. Ethnographie d'un gang transnational, Ndlr*).
Bebo travaille aujourd'hui dans une association de quartier auprès de laquelle je travaillais également. Un soir, alors que nous étions sortis avec des jeunes de l'association, il a commencé à me parler de son passé. Nous avons eu de nombreuses conversations à son bureau, puis chez lui, qui ont par ailleurs construit une solide amitié. Il m'a ensuite introduit auprès des membres du gang toujours en activité à New York et a écrit au chef du gang à Barcelone pour lui demander d'assurer ma sécurité.
Mais finalement, il y a beaucoup de fantasmes sur ce genre de terrain, alimentés par des postures de chercheurs un peu cavalières. En discutant avec des collègues anthropologues qui ont enquêté sur le Parlement européen, je me suis rendu compte que mon terrain était beaucoup plus accessible et plus facile à mener sur certains aspects.

Né dans les prisons de Porto Rico, le gang, au début des années 1990, va pour la première fois de son histoire sortir des murs de Rikers Island pour se déployer dans toute la ville de New York. Puis, dans les années 2000, il s'implante notamment en Espagne à Madrid et à Barcelone, en Italie à Gênes. © *In* Au-delà du crime

Des leaders des *Ñetas* vous ont déclaré : *« Nous ne sommes pas un gang même si parfois, nous agissons comme tel. »* Comment les membres définissent-ils leur organisation ?

M. L. Cela dépend des Ñetas et de l'interlocuteur auquel ils s'adressent. Par exemple, l'un d'eux m'a expliqué : *« Nous sommes un gang, mais pas comme tu l'imagines : nous sommes des révolutionnaires. »* Bebo m'a ainsi raconté qu'il avait été chef d'un gang important à New York puis, plus tard, il m'a dit que les Ñetas ne sont pas un gang. Donc la réponse varie en fonction de qui parle, avec qui, et quand. Je reprends ce terme, car il permet de l'insérer dans la littérature scientifique et parce que le président du groupe à New York parle du passage du *gang banging*, c'est-à-dire du groupe criminel, au *gang organizing*, en référence aux organismes communautaires des quartiers dédiés à l'amélioration des conditions de vie. Ici, le terme « gang » est toujours utilisé mais la nature de ce qu'il signifie évolue.

Quelles dynamiques sociales et anthropologiques favorisent l'émergence de ce type d'organisations ? Sont-elles présentes dans toutes les sociétés capitalistes ?

M. L. L'anthropologue Dennis Rodgers a

travaillé sur les gangs au Nicaragua et a établi des comparaisons entre ce type de groupes. Il explique ainsi que les gangs sont situés, c'est-à-dire qu'ils reflètent le contexte local dans lequel ils s'inscrivent. Ce sont également des structures dynamiques, qui se transforment dans le temps. Par exemple, les Ñetas ne sont pas le même groupe à New York en 1990 ou à Barcelone en 2011 ; et le rapport à l'État varie. Néanmoins, ce sont toujours des populations exclues du marché du travail, d'une forme de socialisation et souvent considérées comme étrangères. Les Ñetas sont racisés à Barcelone et à New York, où ils comptent parmi les populations les plus précaires.
C'est un phénomène assez classique des sociétés capitalistes. Le terreau social est là mais attention, on ne trouve pas forcément des gangs et des gangsters dans tous les ghettos pauvres. D'ailleurs, dans les travaux du sociologue Frederic Trasher (*1892-1962, Ndlr*) qui a écrit dans les années 1920 aux États-Unis, les gangs n'étaient pas définis uniquement par la criminalité. C'est à partir des années 1970 et de la guerre contre la drogue déclarée par l'administration Nixon qu'ils ont été perçus sous l'angle criminel uniquement.

Justement, si l'une des figures majeures des Ñetas reconnaît que *« la Asociación est un mouvement de prisonniers, donc les membres ont commis des crimes »*, ces derniers luttent aussi contre les violences et trafics, rejoignant alors la politique de « pacification » étatique. Pourquoi les études, le discours politique et médiatique se focalisent-ils exclusivement sur les violences qu'ils exercent ?
M. L. Aux États-Unis, la criminologie punitive est née dans le contexte très répressif des années 1970 puis 1980-1990 : après avoir été considérés comme la conséquence des conditions de vie des ghettos durant la guerre contre la pauvreté, les gangs en ont été présentés comme la cause, donc comme l'ennemi. D'un point de vue politique, Rudy

◣ Les Latin Kings, gang rival des Ñetas, et les Latin Queens remontent la 5e Avenue, dans le quartier de Manhattan, à New York, lors de la parade annuelle de la Journée portoricaine (*The Puerto Rican Day*), en l'honneur des personnes de naissance ou d'origine portoricaine.

Giuliani n'aurait eu aucun intérêt à reconnaître que des gangs ne sont pas seulement criminels et qu'ils participent à la pacification des quartiers populaires, car il voulait imposer une politique répressive.
En revanche, la Mairie de Barcelone et l'État de Catalogne ont invité Bebo et des membres du gang des Latin Kings pour leur faire signer des traités de paix. Les reconnaître permettait de stopper les guerres de gangs, de les contrôler et aussi de leur faire confiance. Il valait mieux travailler avec eux que lutter contre eux.

Les Ñetas parlent souvent de justice, un dirigeant vous a dit : *« Être Ñeta, c'est avant tout lutter contre l'abus sous toutes ses formes, s'entraider et progresser aussi bien individuellement que collectivement afin de vivre en paix. »* S'agit-il de leur idéologie ?
M. L. Oui, l'un des slogans des Ñetas est *Progresar y vivir en paz (« S'améliorer et vivre en paix », Ndlr).* Il est inscrit sur la page principale du livre *Liderato,* ce qui montre son importance. À l'origine, il s'agissait de lutter contre les abus de l'administration carcérale puis cela a été étendu à tous les abus.

La Asociación a fini par obtenir un statut officiel dans plusieurs pays, ce qui a mené ses membres à négocier avec des partenaires politiques, dont la police. Ce groupe a-t-il dû s'institutionnaliser pour continuer à exister ?
M. L. Il s'agit en effet de savoir ce qu'il reste des Ñetas avec cette pacification et cette institutionnalisation. À Barcelone, ils sont reconnus comme acteur social et politique. La Asociación est légalisée en Équateur et l'État de New York reconnaît la Associacion Pro Derechos Del Confinados Ñeta Inc. Nyc en tant « qu'association caritative ». Les leaders savent gérer un groupe, des jeunes, donc cela représente un intérêt. Cependant à New York, leur pacification correspond à une phase de transformation interne et de déclin, à laquelle d'autres éléments participent : affaissement du marché du crack, lourdes peines pour les petits vendeurs de rue, gentrification de New York, forte précarisation dans leur trajectoire de vie...

Pourquoi les membres de la Asociación se soumettent-ils à un cadre quasi religieux, une stricte hiérarchie et de potentielles lourdes sanctions en cas de manquements qui reproduisent ce qu'ils combattent à l'extérieur de leur organisation ?
M. L. Ils reproduisent le type d'organisation qu'ils connaissent mais la différence majeure c'est qu'ils sont reconnus. Dans la Asociación, ils peuvent être des Portoricains, des Latinos, une fierté s'en dégage. Il y a une revendication de cette altérité : c'est une inversion du stigmate. ◥

À lire

Au-delà du crime. Ethnographie d'un gang transnational, Martin Lamotte, CNRS Éditions, 2022.

[1] Martin Lamotte travaille au laboratoire Cités, territoires, environnement et sociétés (CNRS/Université de Tours).

[2] Maire de New York de 1994 à 2001 et juriste de formation. Membre du Parti républicain, Rudy Giuliani est l'une des figures du système judiciaire américain sous la présidence de Ronald Reagan, étant notamment procureur général associé des États-Unis puis procureur fédéral à New York.

Bérengère Dubrulle

ou l'effet tourbillon

Par Louise Mussat

Physicienne, spécialiste des turbulences, Bérengère Dubrulle est notamment à l'origine d'un nouveau modèle de formation de planètes. Ces travaux ont été récompensés par le prix Irène Joliot-Curie en novembre dernier. Cette distinction décernée par l'Académie des sciences la consacre femme scientifique de l'année 2022.

Au Service de physique de l'état condensé, Bérengère Dubrulle explore la turbulence dans les fluides et ses applications telles que la formation du Système solaire ou les changements climatiques brutaux.

Avec Bérengère Dubrulle, ça tourbillonne. Au sens figuré – elle se dévoile d'emblée énergique, pensées vives, cheffe d'orchestre d'une vie à 100 à l'heure – comme au sens propre : les tourbillons, elle y pense quasiment tout le temps. Et pour cause : « *Ils sont partout, à toutes les échelles* », explique cette directrice de recherche au CNRS[1]. Dès les plus petites : il y a des tourbillons au niveau quantique. À l'échelle du mètre, on les surprend, trahis par des particules de savon, en vidant notre baignoire. Dézoomons davantage : des tourbillons, encore, agitent l'atmosphère de leurs volutes de vapeur d'eau, ce sont les ouragans. Que l'on embrasse l'Univers tout entier et des tourbillons galactiques dominent le paysage cosmique.

Ces vortex qui font danser l'infiniment grand et l'infiniment petit, Bérengère Dubrulle en a fait le sujet de ses recherches. Plus encore, l'objet d'une quête. Sans relâche, elle s'efforce d'explorer la turbulence dans les fluides, de déchiffrer toutes ces spirales de matière pour les réduire en équations et ainsi mieux appréhender le monde. « *Tout l'Univers est fait de fluides, agités par des tourbillons. Les décrypter revient donc à trouver la clé des mystères de l'Univers* », assène-t-elle, grand sourire lumineux en guise de ponctuation.

Casse-tête mathématique

« *Plus précisément, la clé réside dans la résolution d'une équation : celle dite de "Navier-Stokes" – du nom de deux physiciens, l'un français, Henri Navier ; l'autre anglo-irlandais, George Gabriel Stokes – qui décrit le mouvement des fluides newtoniens, c'est-à-dire de quasiment tous les gaz et les fluides. C'est à cette équation que tous les ingénieurs se réfèrent pour concevoir des machines ou des véhicules, par exemple des avions. Mais les mathématiciens nous ont signalé que l'équation pourrait comporter ce que l'on appelle une singularité, soit une sorte d'anomalie à cause de laquelle on ne peut plus garantir l'unicité de la solution. Plusieurs solutions seraient alors possibles, c'est très problématique.* » Coquetterie de mathématicien maniaque ? Aucunement répond la chercheuse : « *Admettons que des constructeurs comme Dassault ou Airbus cessent d'expérimenter leurs prototypes et, pour élaborer leurs engins, ne se fient qu'aux simulations basées sur l'équation de Navier-Stokes – ce qui est la tendance actuelle. Puisqu'il existe potentiellement plusieurs solutions à cette équation, cela pourrait, par exemple, se traduire par des ailes d'avion qui ne se comportent pas comme attendu en vol, ce qui pourrait s'avérer catastrophique. Je ne vous cache pas que j'y pense un peu quand j'embarque dans un avion ! C'est un tel casse-tête que l'équation de Navier-Stokes a été classée au rang des* ***sept problèmes du millénaire*** *par le prestigieux institut de mathématiques Clay. Celle ou celui qui le résoudra deviendra à coup sûr célèbre.* »

Ce sera peut-être grâce à elle, physicienne passionnée qui obstinément s'attelle à en percer les secrets. Elle se souvient que sa vocation de chercheuse est née vers 8 ans, non seulement en contemplant le ciel depuis la maison bretonne de sa grand-mère, mais aussi en feuilletant des livres sur les grandes figures de l'Histoire. « *Parmi les personnages qui m'ont marquée à l'époque, il y avait Marie Curie. En*

Sept problèmes du millénaire

En 2000, le Clay Mathematics Institute présente au Collège de France sept problèmes majeurs des mathématiques, des défis à la communauté scientifique. Chacun est doté d'un prix d'un million de dollars.

◥ Disque protoplanétaire qui entoure l'étoile HL Tauri (constellation du Taureau). En prenant en compte les effets de la turbulence, Bérengère Dubrulle a proposé un nouveau modèle de formation planétaire qui fait autorité.
© ALMA (ESO/NAOJ/NRAO)

lisant la biographie de cette femme qui avait mené une brillante carrière de recherche, je me souviens m'être dit "c'est ça que je veux faire, et je peux le faire". » Évidemment, le prix Irène Joliot-Curie (*fille de Marie Curie, Ndlr*), que vient de lui décerner l'Académie des sciences, résonne un peu comme un clin d'œil du destin.

Astronomie et poésie

Toute sa scolarité durant, la physicienne se sent « *comme une martienne* », comprend tout au bout de deux minutes de cours, écrit des poèmes le reste du temps. Se sent seule, souvent. Tout change quand elle rentre à l'École normale supérieure : « *Là-bas, j'ai rencontré des martiens comme moi, qui partageaient mes centres d'intérêts. L'astronomie, notamment* », se souvient-elle.

Après l'École normale, Bérengère Dubrulle choisit de mener une thèse en astrophysique, sous la direction de Jean-Paul Zahn, de l'Observatoire de Paris, sur la formation des planètes. Dans le sillage de son

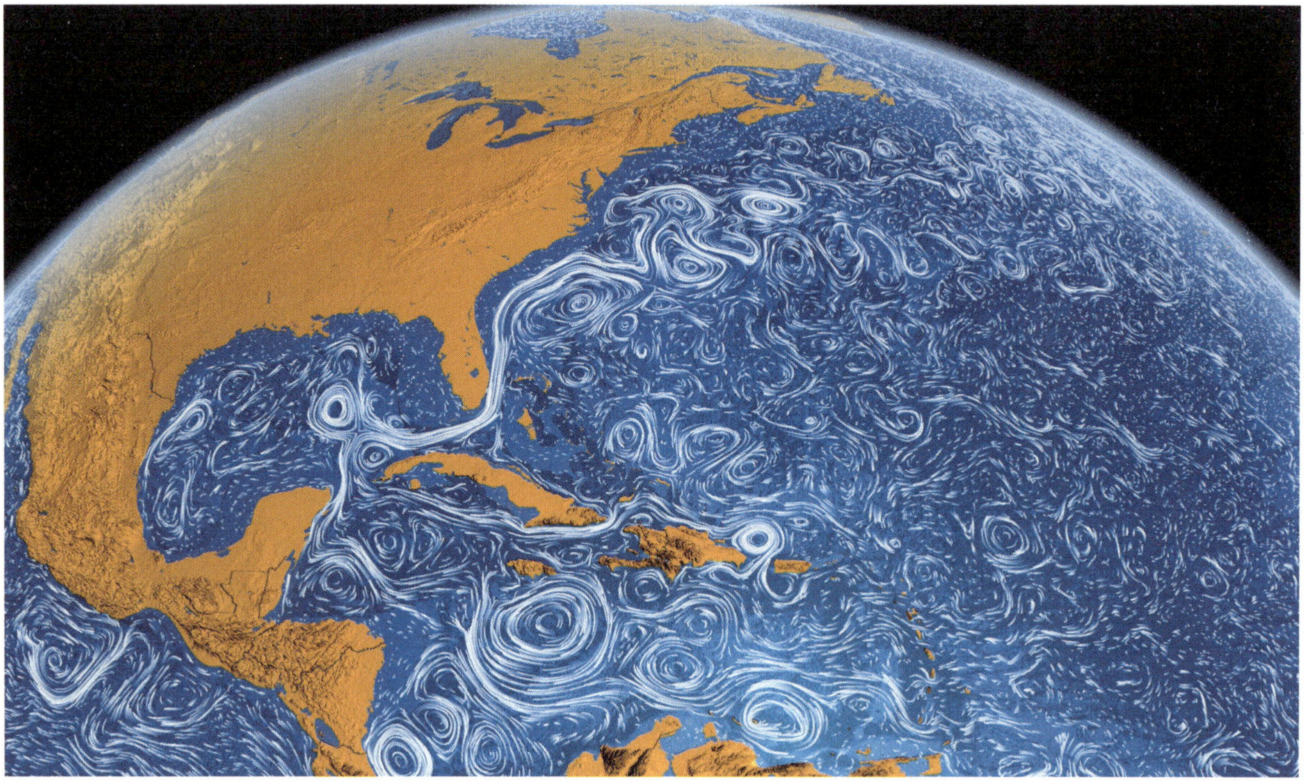

doctorat, elle entre au CNRS en 1991. Elle a alors 26 ans et s'apprête à apporter sa première grosse pierre à l'édifice de la recherche.

De l'effet boule de neige aux particules de savon

« Nous étions confrontés à une énigme : si l'on s'en tenait au modèle de formation des planètes par "effet boule de neige", c'est-à-dire par l'accrétion progressive de petits grains de glace et de silicate présents dans le disque protoplanétaire, le processus prenait des centaines de millions d'années, alors que l'on sait, via de nombreuses autres mesures et datations, que notre planète a été façonnée en quelques dizaines de millions d'années. Pour résoudre le problème, j'ai proposé d'ajouter au modèle l'effet de la turbulence, auquel tout disque protoplanétaire devait selon moi être soumis ; et ça a marché : tout comme les particules de savon se rassemblent dans le vortex formé par l'eau du bain qui se vide, les grains du disque entourant le Soleil se rassemblent très efficacement le long de multiples tourbillons. Ce qui fait grossir les embryons de planètes

« Tout l'Univers est fait de fluides, agités par des tourbillons. Les décrypter revient donc à trouver la clé des mystères de l'Univers. »

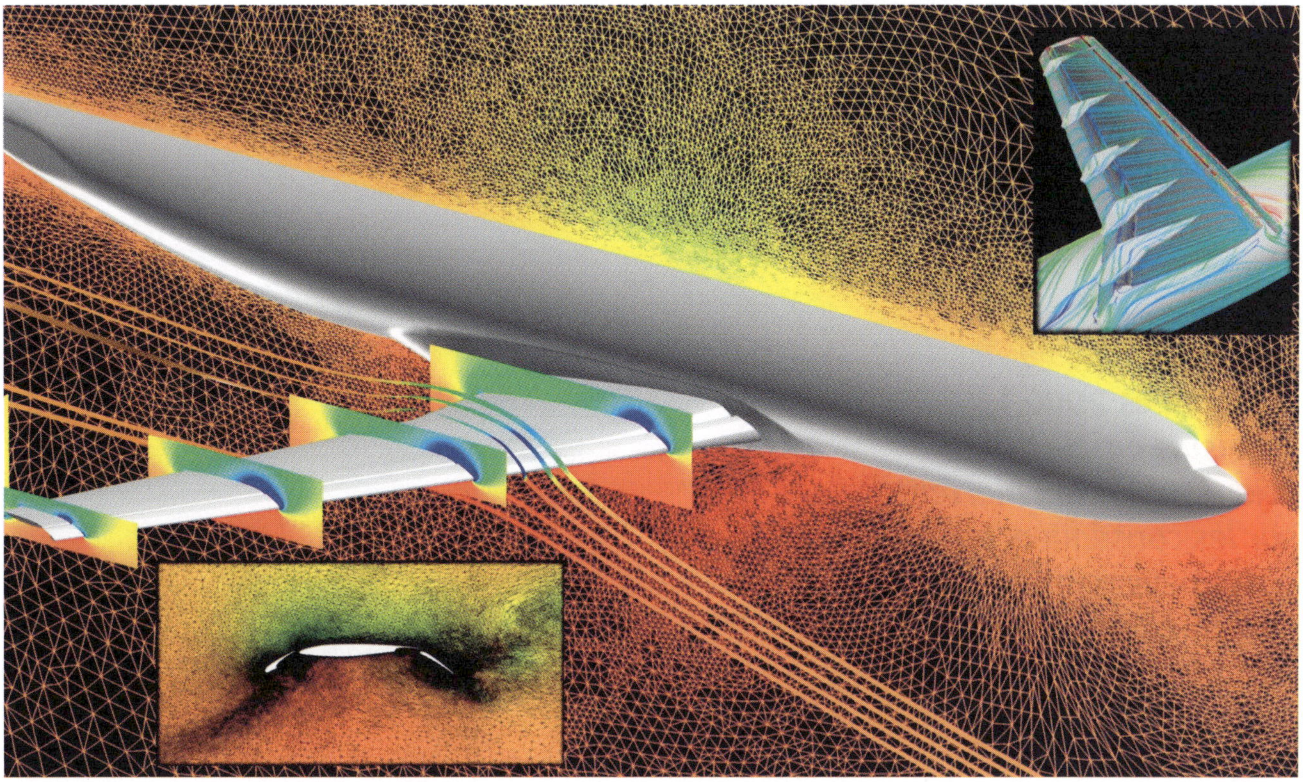

◤ Visualisation des courants de surface océaniques autour de l'Amérique du Nord et de l'Amérique centrale, entre juin 2005 et décembre 2007. Le Gulf Stream est le principal système de courants opérant dans cette zone.
© Science Photo Library / NASA

◥ Simulation par supercalculateur du vol d'un avion de transport dans une configuration à forte portance. L'équation de Navier-Stokes est utilisée pour traiter des problèmes d'aérodynamique complexes.
© Science Photo Library / Langley (Elizabeth Lee-Rausch, Michael Park) / NASA

à un rythme plus soutenu. » À la fin des années 1990, Bérengère Dubrulle, déjà lauréate de la médaille de bronze du CNRS depuis quelques années, n'est ainsi rien de moins que l'auteure d'un nouveau scénario de formation planétaire. Et dans ce tourbillon, elle est déjà mère de trois enfants, et enceinte du quatrième. « *J'ai voulu assumer pleinement le choix d'être mère*, raconte-t-elle. *De ce fait, ma carrière a un peu stagné pendant vingt ans, mais je ne regrette rien. Avoir des enfants, ça vous ancre dans la réalité, ça vous pousse à faire une pause dans des réflexions de théoricien qui peuvent parfois tourner en boucle. Après avoir accompli des tâches quotidiennes, j'avais souvent les idées plus claires.* »

Un virage pour le climat

1999 : avec sa famille nombreuse qui la relie à la Terre, Bérengère Dubrulle s'envole pour l'université du Colorado, à Boulder, en tant que chercheuse détachée. « *C'est là-bas que, pour la première fois, j'ai entendu parler du changement climatique. J'ai*

« Dès le début des années 2000, je faisais partie de ces scientifiques qui alertent sur les conséquences potentiellement extrêmes du réchauffement, et qui ne sont pas écoutés... »

alors immédiatement pensé qu'il fallait que je fasse quelque chose », dit-elle. Riche d'enseignements, l'expérience américaine lui fait prendre un virage dans sa carrière : elle entend désormais exploiter son expertise *ès* tourbillons en géophysique, pour mieux comprendre les caprices de l'atmosphère, et l'impact des activités humaines sur le climat.

De retour en France, elle intègre donc le Service de physique de l'état condensé. Dans ce nouveau temple de la physique, *« plein d'outils à disposition pour faire des mesures et vérifier nos modèles »*, Bérengère Dubrulle ausculte principalement les grands courants et tourbillons qui agitent l'atmosphère. En particulier les phénomènes de bifurcation, c'est-à-dire les changements de cap brutaux dans les circulations marines et océaniques.

« Cela fait longtemps que l'on voit dans nos expériences l'équivalent d'un possible arrêt du ***Gulf Stream*** *sous l'effet du changement climatique : c'est exactement le scénario du film* Le Jour d'après[2]*. Dès le début des années 2000, je faisais partie de ces scientifiques, dépeints dans le film, qui alertent sur les conséquences potentiellement extrêmes du réchauffement, et qui ne sont pas écoutés... »*

Aujourd'hui, désormais écoutée de tous, elle tente de comprendre comment des turbulences à toute petite échelle pourraient être à l'origine des fameuses bifurcations. En marge de ses travaux, elle s'emploie toujours à faire progresser la compréhension de la coriace équation de Navier-Stokes, prend part à de nombreuses actions de vulgarisation, continue aussi d'écrire de la poésie, comme quand elle était petite et martienne. Extrait : *« J'aime regarder la nuit vous savez. Plonger mon regard clair dans ses orbites vides, et scruter l'avenir, le passé ou la fin des temps. »* Et traquer la clé des mystères de l'Univers, en tourbillonnant.

Gulf Stream
Courant océanique chaud de surface qui prend sa source entre la Floride et les Bahamas, et se disperse dans l'Atlantique au large de la Nouvelle-Écosse et de Terre-Neuve.

[1] Directrice de recherche au CNRS, au Service de physique de l'état condensé (CNRS/CEA). Elle est également directrice de l'École de physique des Houches (Haute-Savoie).

[2] Réalisé par Roland Emmerich et sorti en 2004, ce film catastrophe américain évoque les aventures d'un paléoclimatologue joué par Dennis Quaid après que le plateau de glace en Antarctique s'est détaché du reste du continent.

Trouble dans la cosmologie

Par Julien Bourdet
Illustrations : Romuald Maurel

La vitesse d'expansion de l'Univers, un paramètre nommé constante de Hubble, a fait l'objet de deux mesures aux résultats incompatibles. Ce désaccord pourrait faire chanceler le modèle standard de la cosmologie.

La cosmologie est en crise ! Au cœur du problème : la vitesse d'expansion de l'Univers qui, tel un gigantesque ballon de baudruche enfle encore et encore depuis 13,8 milliards d'années. Quand les astrophysiciens mesurent avec leurs télescopes le taux actuel de cette expansion, connue sous le nom de constante de Hubble (ou H0), ils trouvent une valeur incompatible avec celle prédite par le modèle standard de la cosmologie, la théorie qui décrit le mieux pour l'instant l'histoire de l'Univers, depuis son origine (le Big Bang) et les premiers atomes jusqu'à aujourd'hui, en passant par les premières étoiles et galaxies. Ce désaccord n'est donc pas anodin : il pourrait signifier que ce modèle, qui fait jusqu'ici consensus, est à revoir. Rien de moins. Sauf si une erreur s'est glissée dans les mesures. Le débat fait rage actuellement chez les scientifiques qui tentent par tous les moyens de résoudre la « tension de Hubble » comme ils l'ont baptisée.

Sur une distance d'un peu plus de 3 années-lumière, l'Univers grandit d'environ 70 km toutes les secondes.

Méthodes de mesure

C'est l'astronome américain Edwin Hubble qui a été le premier à estimer la valeur de la constante qui porte aujourd'hui son nom. En 1929, il observe que les galaxies s'éloignent de nous, et ce d'autant plus vite qu'elles sont lointaines – le rapport entre la vitesse de fuite d'une galaxie et sa distance donne H0. La découverte, qui implique que l'Univers est en expansion, est au fondement même de l'idée du Big Bang et marque le début de la cosmologie moderne. D'où l'importance pour les astronomes de mesurer précisément la valeur de ce paramètre. D'autant que pour venir compliquer encore plus l'affaire, les astrophysiciens savent aussi, depuis vingt-cinq ans, que l'expansion cosmique va en accélérant, sous l'effet d'une mystérieuse énergie noire, qui représenterait deux tiers du contenu de l'Univers et dont la nature reste inconnue. Depuis les premières observations historiques, l'amélioration des techniques a permis d'affiner considérablement la mesure de la constante. Deux méthodes sont principalement utilisées aujourd'hui pour la déterminer.

La première repose sur l'analyse du fond diffus cosmologique, première lumière émise par l'Univers, lorsque celui-ci était âgé de 380 000 ans. Ce rayonnement est toujours visible aujourd'hui et on a pu le cartographier en détail, notamment grâce au satellite européen Planck. En reconstituant ainsi les conditions qui régnaient dans l'Univers primordial, on a alors pu prédire, dans le cadre du modèle cosmologique, le taux d'expansion qu'on devrait observer aujourd'hui. Résultat : selon les données de Planck publiées en 2020, H0 est égale à 67,4 kilomètres par seconde par mégaparsec (Mpc) – un parsec correspondant à une distance de 3,26 années-lumière. Cela veut dire que sur une telle distance, l'Univers grandit de 67,4 km toutes les secondes. Et donc qu'une galaxie aussi distante s'éloigne de nous à cette vitesse.

La seconde méthode, elle, consiste à mesurer directement H0 en observant les galaxies autour de nous. Pour cela, il faut déterminer à la fois la vitesse d'éloignement d'un grand nombre de ces objets et aussi leur distance, comme l'a fait en son temps Edwin Hubble. La première étape, la vitesse d'éloignement, ne pose pas de problème, grâce au décalage vers le rouge du spectre lumineux des galaxies : plus l'une d'entre elles s'éloigne vite et plus ce décalage spectral est important.

Pour Vivian Poulin-Détolle, ce désaccord est « très excitant, car cela pourrait signifier que le modèle de la cosmologie est incomplet et que nous devons envisager une nouvelle physique ».

Chandelles standards et échelle des distances

En revanche, la seconde étape qui consiste à mesurer la distance d'un astre est, elle, plus difficile. Pour y parvenir, les astronomes utilisent ce qu'ils appellent des chandelles standards. *« Ce sont des objets dont on connaît la luminosité absolue. En comparant celle-ci à l'intensité lumineuse reçue sur Terre, on peut déterminer la distance qui les sépare, et donc la distance de sa galaxie »*, explique Mickaël Rigault, de l'Institut de physique des deux infinis de Lyon[1]. Les céphéides, des étoiles variables dont la fréquence de pulsation lumineuse est reliée à leur luminosité absolue – une loi établie en 1908 par l'astronome américaine Henrietta Leavitt –, constituent de telles chandelles. Si tant est, bien sûr, qu'on étalonne au préalable la luminosité intrinsèque de certaines d'entre elles en mesurant directement leur distance par une méthode géométrique, comme la parallaxe. C'est avec ces étoiles que Hubble a obtenu une estimation de la vitesse d'expansion cosmique.

Les astronomes d'aujourd'hui ont repris cette même technique mais ils l'ont améliorée en utilisant un deuxième type de chandelles standards, plus lointaines encore que les céphéides : les supernovas dites de « type Ia », des explosions d'étoiles en fin de vie qui deviennent subitement aussi lumineuses que des milliards de soleils pendant quelques semaines. Tout comme pour les céphéides, la luminosité exacte de ces supernovas doit être calibrée. Pour ce faire, on utilise des céphéides présentes dans des galaxies proches où sont aussi observées des supernovas. *« De cette manière, on construit une sorte d'échelle des distances cosmologiques où chacun des barreaux permet de mesurer la distance d'objets de plus en plus lointains et ainsi de déterminer la constante de Hubble avec une grande précision »*, résume Mickaël Rigault. Dernière en date, la mesure de H0, obtenue par la collaboration Shoes menée par l'Américain Adam Riess, qui utilise cette méthode de l'échelle des distances, donne ainsi une valeur de 73 km/s/Mpc.

Écart inexplicable

À première vue, l'écart avec la mesure issue de l'analyse du fond diffus cosmologique semble faible. Mais si on prend en compte les incertitudes, les deux estimations sont irréconciliables. *« Il y a quelques années encore, le doute était permis sur la réalité de cette anomalie. Mais les mesures de H0 sont devenues*

aujourd'hui si précises qu'il existe moins d'une chance sur un million pour que ce désaccord soit dû au hasard. C'est très excitant, car cela pourrait signifier que le modèle de la cosmologie est incomplet et que nous devons envisager une nouvelle physique », avance Vivian Poulin-Détolle, du Laboratoire Univers et particules[2] de Montpellier.

« Avant de changer le modèle standard de la cosmologie, qui parvient à prédire de nombreuses observations, il faut s'assurer que cette tension ne vient pas d'erreurs de mesure. »

Grain de poussière cosmique

Un constat renforcé par le fait que d'autres mesures obtenues par des méthodes indépendantes arrivent à une valeur de H0 compatible avec celle déterminée grâce aux céphéides et aux supernovas. C'est notamment le cas de l'expérience Holicow qui traque des quasars lointains, galaxies au noyau très actif et extrêmement lumineux. Lorsqu'une grosse galaxie se trouve sur la ligne de visée entre nous et un quasar, celle-ci dévie la lumière de l'astre au point d'en faire apparaître des images multiples, par un effet dit de « lentille gravitationnelle ». Quand le quasar émet un flash de lumière, celui-ci est visible sur les images mirages mais avec un léger retard les unes par rapport aux autres car les trajets empruntés par la lumière ne sont pas de la même longueur. En mesurant ce retard, on peut alors estimer H0, sans recourir à un étalon de distance. Résultat de Holicow : 73,3 km/s/Mpc, soit très proche de la mesure de Shoes.

Reste « *qu'avant de changer le modèle standard de la cosmologie, qui parvient à prédire de nombreuses observations, il faut s'assurer que cette tension ne vient pas d'erreurs de mesure* », prévient Mickaël Rigault. Les astronomes savent bien en effet que les astres qu'ils utilisent comme chandelles standards ne sont pas des objets parfaits. Ainsi l'aspect terne de l'une d'entre elles n'est pas nécessairement dû à son éloignement. La poussière cosmique peut aussi être en cause, faisant paraître des étoiles plus lointaines qu'elles ne le sont vraiment. Sans oublier que ces objets peuvent connaître des variations dues à leur âge ou à leur métallicité (leur contenu en atomes plus lourds que l'hélium). Tous ces effets sont pris en compte et corrigés par les astrophysiciens. Mais ces derniers ne sont pas à l'abri d'erreurs ou d'effets inconnus qui leur auraient échappé.

Nouvelles mesures à la rescousse

D'ici à cinq ans, de nouvelles observations pourraient permettre d'y voir plus clair. Grâce au Zwicky Transient Facility (ZTF), un relevé astronomique de tout le ciel de l'hémisphère Nord réalisé à l'observatoire Palomar en Californie, un catalogue de 3 000 supernovas a été constitué, ce qui permettra de mesurer H0. « *C'est dix fois plus que ce qui est fait aujourd'hui avec Shoes. Qui plus est, tous ces objets ont été détectés avec le même instrument, contrairement aux autres catalogues qui ont été établis en une vingtaine d'années à partir de différentes observations. De quoi s'affranchir de nombreuses sources d'erreurs possibles* », se réjouit Mickaël Rigault, responsable

de ZTF pour la France. L'étape suivante sera d'étalonner la luminosité des supernovas grâce à des étoiles géantes rouges, un nouveau type de chandelles standards que certains utilisent à la place des céphéides. Pour cela, l'équipe de Mickaël Rigault a fait une demande d'observation sur le télescope spatial James Webb. Si cette demande est acceptée, les astronomes pourront alors déterminer la valeur de H0. Et si le résultat confirme la mesure de Shoes, alors cela ferait plus encore pencher la balance du côté d'une nouvelle physique, au-delà du modèle standard.

Les astronomes attendent également beaucoup de la détection des ondes gravitationnelles. En 2017, l'observation par Ligo et Virgo de telles ondes issues de la fusion de deux étoiles à neutrons, associée à la détection de lumière par les télescopes de ce même événement, a fourni une nouvelle manière de mesurer H0 – les ondes gravitationnelles permettant de déduire la distance de la source et la lumière sa vitesse d'éloignement. Avec un seul événement de ce type enregistré, la précision n'est pas encore suffisante mais dans un futur proche on s'attend à en détecter de nombreux autres. La nouvelle mesure obtenue sera alors clé pour trancher le débat.

Réflexion autour de nouveaux scénarios

Mais d'ores et déjà, sans attendre le fin mot de l'histoire, les théoriciens se penchent sur de nouveaux scénarios cosmologiques qui permettraient d'expliquer la tension. *« Les modèles qui sont aujourd'hui favorisés font l'hypothèse d'un ingrédient supplémentaire qui aurait été présent dans l'Univers jeune, vers 380 000 ans après le Big Bang, et qui aurait donné un coup de fouet à l'expansion de l'Univers »*, confie Vivian Poulin-Détolle. Plusieurs pistes sont évoquées : l'existence d'un nouveau type de neutrino, le fait que les lois de la gravitation étaient différentes dans l'Univers primordial, ou encore la possibilité que l'énergie noire ait joué un rôle essentiel à cette époque.

C'est cette dernière idée que creuse le chercheur français. Récemment, il a proposé un modèle faisant appel à une énergie noire précoce qui aurait été plus grande par le passé, contribuant à l'expansion de l'Univers pour 10 %, avant de devenir l'énergie noire dont on mesure les effets aujourd'hui. Selon son concepteur, cette solution théorique aurait laissé des traces claires dans la première image de l'Univers, le fond diffus cosmologique, que les successeurs de Planck, l'Atacama Cosmology Telescope, installé au Chili, et le South Pole Telescope, situé au pôle Sud, pourraient facilement repérer dans les prochaines années.

Et d'autres observations encore pourraient donner du grain à moudre aux partisans d'une nouvelle physique. Dans l'espace et au sol, le télescope européen Euclid, dont le lancement est prévu en juillet prochain, et le Vera Rubin Observatory, un télescope américain installé au Chili, qui débutera ses observations un an plus tard, cartographieront le ciel avec une précision inédite. À eux deux ils catalogueront plusieurs milliards de galaxies de manière à révéler dans le détail la façon dont elles sont organisées dans l'Univers.

Car en plus de la tension de Hubble, une autre anomalie commence à poindre, certes beaucoup moins forte : les observations semblent indiquer que les grandes structures galactiques (galaxies et amas de galaxies) sont moins concentrées que ne le prédit le modèle standard. Avec ces grands relevés, on sera fixé une fois pour toute. Et on aura une preuve de plus que les cosmologistes doivent revoir leur copie. *« La fissure ouverte par la constante de Hubble est une véritable opportunité. Le modèle standard a beau très bien fonctionner, ses ingrédients principaux (l'énergie noire et la matière noire), qui composent 95 % de l'Univers nous sont inconnus. Grâce à cette crise, nous sommes peut-être sur le point de lever le mystère de leur nature fondamentale »*, conclut Vivian Poulin-Détolle.

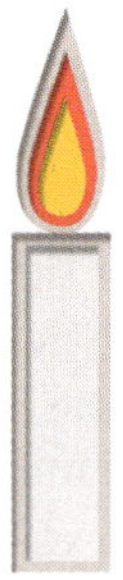

[1] Unité CNRS/Université Claude Bernard.

[2] Unité CNRS/Université de Montpellier.

PORTFOLIO

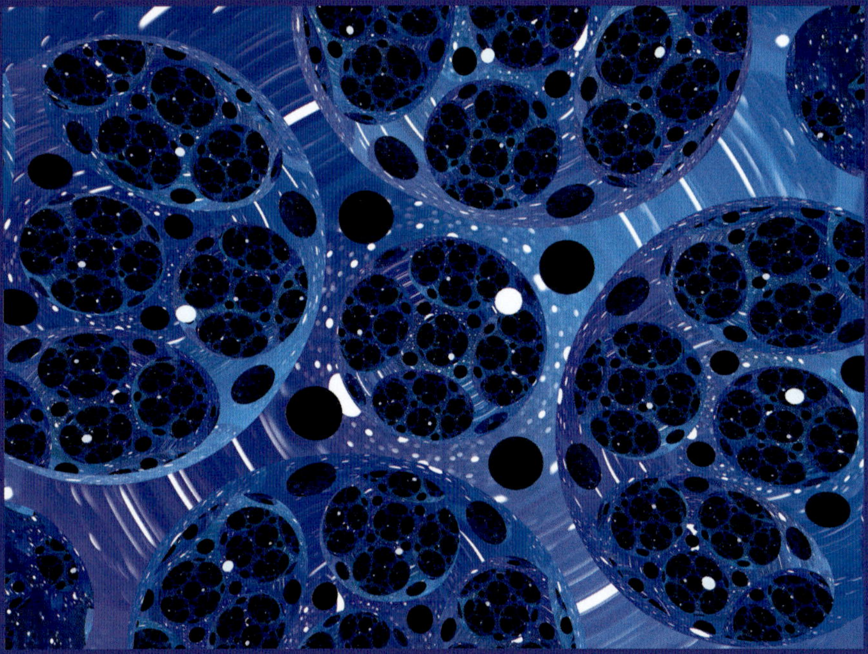

Clichés de science

Lire la science avec des images : telle pourrait être la devise du concours La preuve par l'image, organisé par le CNRS avec l'Acfas, son partenaire canadien. Découvrez dans ce numéro une sélection de la cuvée 2022. Éblouissements garantis.

La vie ou la mort ?

Ces deux drosophiles ont le même âge et le même génotype… mais celle de droite a une espérance de vie de trois jours contre vingt pour sa voisine. Elle a en effet atteint l'état « smurf », identifiable in vivo par un colorant bleu traversant la barrière intestinale uniquement chez les individus engagés dans la mort. Ce type de biomarqueurs permettra-t-il un jour d'anticiper notre propre mort ?

Texte : Anne-Sophie Boutaud et la rédaction

À Voir

Découvrez toutes les photos lauréates du concours La preuve par l'image sur www.concours-preuve-image.fr

La biodiversité en questions

Tout comprendre (ou presque) sur la biodiversité : c'est la promesse d'un livre illustré, très pédagogique, paru chez CNRS Éditions. En voici un extrait, où l'on se pose cette question : que peut-on faire pour protéger la biodiversité et continuer à bénéficier des nombreux services rendus par les écosystèmes ?

Tout comprendre (ou presque) sur la biodiversité
Philippe Grandcolas et Claire Marc, CNRS Éditions, coll. « Tout comprendre (ou presque) sur », avril 2023, 140 p., 18 €.

Les auteurs
Philippe Grandcolas est écologue, directeur adjoint scientifique de l'Institut écologie et environnement (Inee) du CNRS.
Claire Marc est médiatrice scientifique et illustratrice.

FACE AU DÉCLIN DE LA BIODIVERSITÉ ET À L'ÉCHEC DES POLITIQUES DE PRÉSERVATION, L'IPBES (EQUIVALENT DU GIEC POUR LA BIODIVERSITÉ) PROPOSE LA NOTION DE "CHANGEMENT TRANSFORMATEUR" :

" une réorganisation fondamentale, systémique, des facteurs économiques, sociaux, technologiques, y compris les paradigmes, les objectifs et les valeurs ".

CETTE NOTION PEUT ÊTRE DÉCLINÉE EN QUATRE TYPES D'ACTIONS COMPLÉMENTAIRES NÉCESSAIRES POUR PRÉSERVER LA BIODIVERSITÉ.

PROTÉGER ET RESTAURER

LA PROTECTION ET LA RESTAURATION PASSENT PAR LA CRÉATION D'ESPACES PROTÉGÉS CHOISIS EN FONCTION DE PLUSIEURS CRITÈRES :

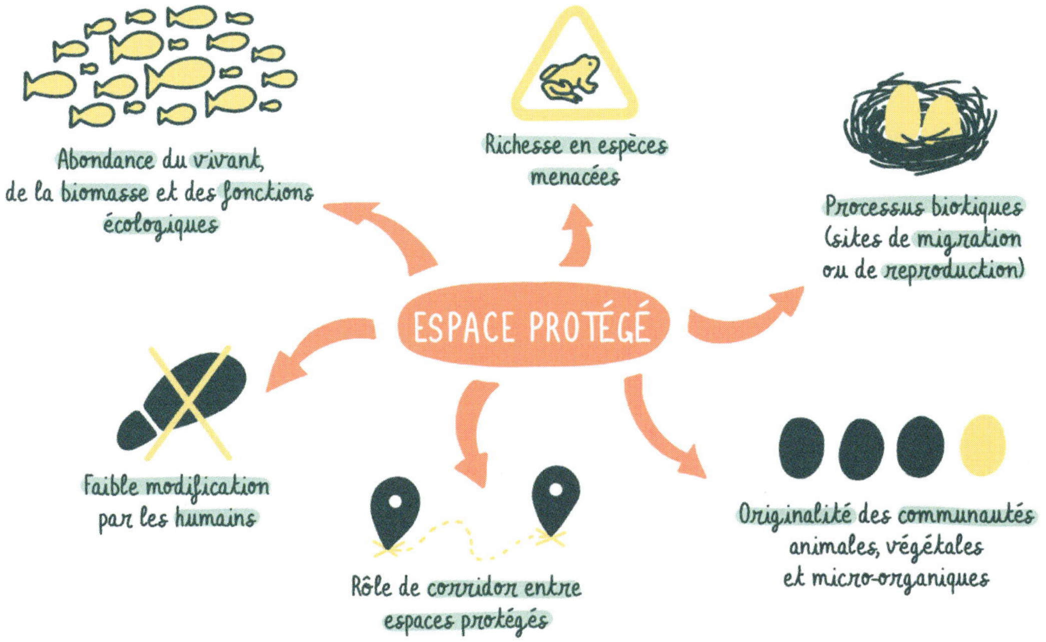

OR, UN À DEUX MILLIARDS D'HUMAINS SONT PRÉSENTS DANS CES ESPACES.
IL FAUT DONC LEUR PROPOSER DES PERSPECTIVES DE PROGRÈS EN COMPLÉMENTARITÉ AVEC LA PROTECTION DE LA NATURE COMME :

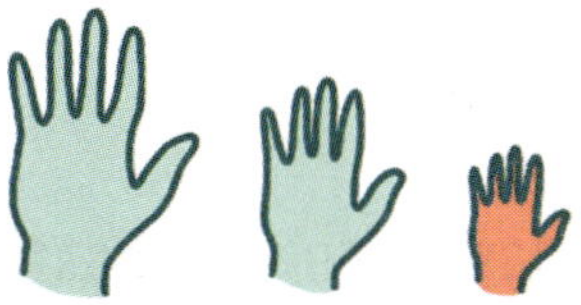

Diminuer l'impact de nos sociétés sur ces territoires, en s'inspirant du style de vie des peuples autochtones.

(Ré)introduire des espèces sauvages, afin de restaurer des processus écologiques disparus.

Adapter les socio-écosystèmes à la rapidité et la brutalité des changements globaux.

CETTE PROTECTION ET RESTAURATION CONCERNE TOUS LES TERRITOIRES, AUSSI BIEN LES ÉCOSYSTÈMES "NATURELS", QUE CEUX PROFONDÉMENT MODIFIÉS PAR LES HUMAINS.

RÉDUIRE LES PRESSIONS PESANT SUR LA BIODIVERSITÉ

POUR RAPPEL, ON EN CONSIDÈRE CINQ GRANDS TYPES :

CET OBJECTIF SUPPOSE DE PROFONDS CHANGEMENTS DE PRATIQUES.

RÉORGANISER L'ÉCONOMIE ET LES SYSTÈMES DE PRODUCTION

POUR CELA, IL FAUT DISPOSER D'OUTILS TECHNIQUES ET ÉCONOMIQUES POUR AMÉLIORER LE BILAN ENVIRONNEMENTAL DES SYSTÈMES :

DE PRODUCTION

ALIMENTAIRES

ÉNERGÉTIQUES

CELA EST ÉVIDENT DANS LE CAS DE L'AGRICULTURE, AVEC LE DÉVELOPPEMENT DE L'AGROÉCOLOGIE, BASÉE SUR LA DIVERSITÉ DE LA NATURE ET SES PROPRIÉTÉS, AFIN DE RÉPONDRE AUX BESOINS HUMAINS CROISSANTS :

- [x] RÉDUCTION DE L'USAGE DE PESTICIDES ET DE FERTILISANTS DE SYNTHÈSE
- [x] DIVERSITÉ DES CULTURES
- [x] LONGUEUR DES ROTATIONS
- [x] DÉPLOIEMENT D'INFRASTRUCTURES ÉCOLOGIQUES (HAIES, BOSQUETS ET MARES)
- [x] RÉDUCTION DE LA TAILLE DES PARCELLES

CE CHANGEMENT DE PRATIQUES NÉCESSITERA LA FORMATION DES ACTEURS À LA COMPLEXIFICATION DES PAYSAGES ET DES PRATIQUES AINSI QUE LA MISE EN PLACE D'UNE RECONNAISSANCE SOCIO-ÉCONOMIQUE DES EFFORTS.

EN EFFET, POUR QUE CES TRANSFORMATIONS DES SYSTÈMES DE PRODUCTION AIENT LIEU ET POUR QUE LES POPULATIONS Y ADHÈRENT, IL IMPORTE DE CRÉER UN CONTEXTE ÉCONOMIQUE FAVORABLE, EN TERMES DE LOIS, DE SUBVENTIONS, DE TAXES ET DE FISCALITÉ.

TRANSITER VERS DES STYLES DE VIE ET DES VILLES DURABLES

CETTE RÉORGANISATION ÉCONOMIQUE DÉPEND DES CONSOMMATREUR·ICES, DONT LES ATTENTES DEVRONT ÊTRE PLUS SOBRES AFIN DE RENDRE LES IMPACTS HUMAINS COMPATIBLES AVEC LES LIMITES PLANÉTAIRES. CELA SUPPOSE :

une réduction de la consommation énergétique

une réduction des apports en protéines animales, sucres et gras, dans les pays les plus riches.

une réduction de la consommation matérielle en termes de loisirs, styles de vie et de consommation...

un renforcement de la présence de la nature en ville (espaces verts, toitures végétales, etc.)

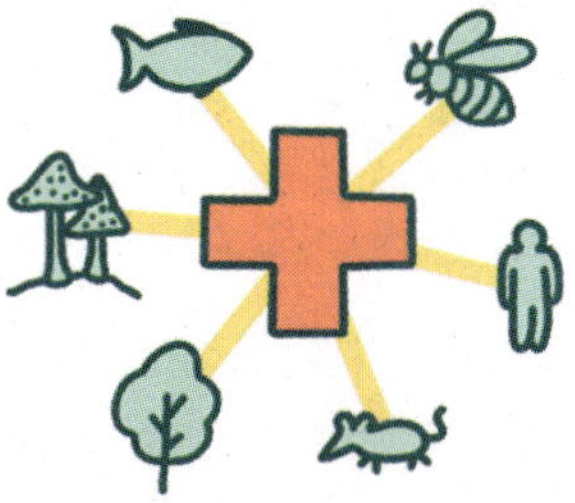

TOUT CECI CONTRIBUERA NON SEULEMENT À PRÉSERVER LA BIODIVERSITÉ MAIS AUSSI À AMÉLIORER LE CADRE DE VIE ET LA SANTÉ DES HUMAINS. C'EST LÀ L'ENJEU « D'UNE SEULE SANTÉ », OÙ SANTÉS DES HUMAINS, DES ANIMAUX, DES VÉGÉTAUX ET DES ÉCOSYSTÈMES, SONT LIÉES.

Dossier

L'INTELLIGENCE ANIMALE SE DÉVOILE

Ils utilisent des outils et peuvent développer des usages différents au sein d'une même espèce. Comme nous, ils ont des souvenirs, se projettent dans l'avenir, et expérimentent toute une palette d'émotions. Sujets pensants et agissants, les animaux possèdent des capacités cognitives que les scientifiques cherchent encore à embrasser dans leur richesse et leur complexité. Ils ne sont pas au bout de leurs découvertes.

Illustration Nadège Dauvergne

On a longtemps considéré qu'ils n'étaient capables que de réactions réflexes ou dictées par la seule génétique. Depuis un siècle, les recherches en éthologie conduisent peu à peu à une vision nouvelle des capacités cognitives des animaux, tandis que les « propres de l'homme » tombent les uns après les autres.

De l'animal-MACHINE à l'animal-SUJET

Par Francis Lecompte

© Christine Sponchia/Pixabay

Voilà plus de trois siècles que l'anecdote circule, mais elle reste collée à la peau du théologien Nicolas Malebranche : dans les années 1670, ce zélé disciple de Descartes n'aurait pas hésité à frapper à coups de pied sa propre chienne pour comparer les cris de l'animal aux sons qu'émet une cloche lorsqu'on la frappe. Il avait beau jeu de se réclamer des thèses de son maître René Descartes qui, dans le *Discours de la méthode*, écrivait qu'il vaut mieux supposer que les animaux « *se meuvent comme des machines* » plutôt que d'imaginer qu'ils aient, comme les humains, une âme immortelle. Pour le penseur, les chiens ou les singes ne sont jamais que des automates, simplement plus perfectionnés que des horloges mécaniques... Les historiens des idées discutent encore aujourd'hui pour désigner qui de Descartes ou de Malebranche porte la plus grande responsabilité dans cette conception de l'animal-machine. Si la référence aux horloges a été rapidement dépassée, le modèle cartésien d'un animal réduit à répondre mécaniquement à

des stimuli est resté bien vivace jusqu'à l'aube du XXe siècle. Dès le milieu du XIXe siècle cependant, les lignes commencent à bouger. En France, l'effervescence naturaliste touche parmi d'autres le zoologiste Isidore Geoffroy Saint-Hilaire qui, en 1854, utilise pour la première fois le terme d'éthologie, forgé à partir du grec *ethos*, qui désigne l'« usage » ou la « coutume ». Ce néologisme consacre alors l'intérêt grandissant de nombreux savants pour l'étude du comportement, celui de l'homme comme celui de l'animal. Plusieurs générations d'éthologues vont multiplier l'observation des comportements animaux, d'abord d'une manière purement descriptive, avant de passer, au XXe siècle, à une approche plus expérimentale.

Du réflexe à la prise de décision

Ils découvrent chez l'animal des compétences insoupçonnées, à commencer par celle de l'apprentissage. Au début des années 1930, les rats entrent en masse dans les laboratoires et le psychologue américain Skinner montre que ceux-ci peuvent modifier leur comportement à coups d'essais et d'erreurs – l'animal apprend à activer un levier pour ouvrir sa cage et accéder à de la nourriture. Mais le schéma mécaniste domine encore car on considère que l'animal, soumis à un certain conditionnement, ne fait que réagir aveuglément par réflexes – comme le démontre, à la même époque, le physiologiste russe Ivan Pavlov avec des expériences comparables sur les chiens.

D'autres études cependant commencent à ébranler nos certitudes sur la supériorité humaine. « *On s'est aperçu que l'animal, considéré comme une machine et censé fonctionner par stimulus-réponse, ne fonctionnait pas tout à fait comme ça,* explique Pierre Le Neindre, ingénieur agronome et éthologue à l'Institut national de recherche pour l'agriculture, l'alimentation et l'environnement (Inrae), et coordinateur d'une vaste expertise scientifique sur la conscience animale[1]. *On observe qu'il répond aussi à des situations selon la manière dont il les perçoit, qu'il prend des décisions en fonction de son environnement et de son vécu antérieur.* » Un individu conscient de la situation dans laquelle il se trouve, capable de s'adapter aux circonstances et de se concevoir dans le temps : l'éthologie se donne ainsi une définition de l'intelligence animale.

On l'observe d'abord chez le chimpanzé, avec les expériences fondatrices du psychologue allemand Wolfgang Köhler, entre 1913 et 1917. Pour vérifier la capacité du singe à s'adapter à son environnement immédiat, Köhler suspend une banane au plafond d'un local rempli de caisses éparses. Le test vise à découvrir si l'animal va comprendre qu'il lui faut empiler les caisses pour atteindre la banane. S'il fait au début un peu n'importe quoi, soudain le chimpanzé découvre la solution et envisage la forme de l'empilement. Comme s'il avait bel et bien une vision globale de la situation et faisait preuve

◥ Au début du XXe siècle, le psychologue allemand Wolfgang Köhler montre que les chimpanzés sont capables de résoudre des problèmes, en l'occurrence empiler des caisses en bois pour atteindre une banane accrochée au plafond.

d'une capacité, proche de celle de l'être humain, à interagir avec son environnement. Une aptitude qui colle mal avec le schéma du stimulus-réflexe et du conditionnement...

Projection dans l'avenir

Depuis les chimpanzés de Köhler, bien d'autres espèces, vertébrées ou non, bien plus éloignées de l'humain que ne le sont les primates d'un point de vue phylogénétique, ont révélé des compétences longtemps vues comme l'apanage de l'espèce humaine. Ainsi, les martres à tête grise d'Amérique du Sud raffolent aussi des bananes, mais se les font souvent chiper par d'autres animaux, plus agiles qu'elles. Qu'à cela ne tienne : elles les cueillent encore vertes, pour les laisser mûrir en lieu sûr et venir les déguster quelques semaines plus tard ! Voilà donc des mammifères capables de se projeter dans le temps et l'espace. À l'instar des animaux d'élevage, qui sont pourtant totalement dépendants de ce qu'on leur donne et n'ont

Alex, le perroquet de la chercheuse américaine Irene Pepperberg, a révolutionné le regard qu'on portait sur les oiseaux, comme sur cette image où il compte les objets bleus et rouges disposés sur un plateau.
© Jeff Topping / The New York Times-REDUX-RÉA

Dessin réalisé par l'orang-outan Molly, lors d'une activité proposée par l'éthologue Cédric Sueur, au Japon.
© Archives Cédric Sueur et Marie Pelé

que rarement l'occasion de prendre des décisions. Pierre Le Neindre a montré que des agneaux pouvaient apprendre certains gestes inhabituels qui ne délivraient une récompense que par des effets indirects, ce qui signifie que, même privé d'autonomie, l'animal éprouve des attentes vis-à-vis de l'avenir.

Des performances cérébrales proches des nôtres

On ne compte plus désormais les articles relatant de nouvelles performances chez les animaux, toutes espèces confondues. Les « propres de l'homme » tombent les uns après les autres : les animaux utilisent des outils, comme le démontre la primatologue Jane Goodall dès les années 1960, ils savent compter, ont de la mémoire et sont capables de se projeter dans l'avenir, ils ont des émotions aussi, et partagent même des formes de langage plus élaborées qu'on ne l'avait imaginé. Les oiseaux eux-mêmes – longtemps considérés comme peu intelligents – révèlent dans les années 1980 des aptitudes insoupçonnées : Alex, le perroquet gris du Gabon de l'éthologue américaine Irene Pepperberg, révolutionne le regard qu'on porte sur eux en se montrant non seulement capable de nommer les objets, mais aussi d'utiliser une cinquantaine de mots et de former des phrases comme « Je veux boire ». Alex pouvait également donner la forme et la matière d'un objet, compter jusqu'à 6 et dire combien il y avait d'objets d'une couleur donnée dans un ensemble d'objets.

En réalité, on avait toujours pensé que les oiseaux étaient dépourvus de néocortex, zone du cerveau impliquée dans les capacités cognitives complexes chez les mammifères. *« On s'est aperçu qu'il existe dans le cerveau de l'oiseau une zone, qu'on appelle le pallium, qui concentre une très forte densité de neurones, comparable à ce que l'on trouve chez les primates et même supérieure dans le cas des perroquets et des corvidés,* révèle Dalila Bovet, éthologue au laboratoire Éthologie, cognition, développement, à l'université Paris-Nanterre. *On peut considérer le pallium comme l'équivalent du néocortex chez les mammifères. »*

De quoi remettre sérieusement en doute la vieille idée selon laquelle l'homme possède le cerveau, sinon le plus gros, du moins le plus performant de toutes les créatures vivantes. Car depuis que les neurosciences en explorent les mécanismes, y compris chez les espèces animales, *« on constate que le cerveau des vertébrés, poissons compris, est très proche du nôtre,* indique le neurobiologiste et philosophe Georges Chapouthier. *Parmi les invertébrés, les céphalopodes – les poulpes et les seiches, en particulier –, bien que très différents dans leur anatomie, ont des performances cérébrales étonnamment proches des nôtres. »*

Le rire du rat et du chimpanzé

Un autre propre de l'homme, celui d'une organisation sociale sophistiquée, résiste encore ? L'identification d'individus dominants dans les groupes de nombreuses espèces animales, de même que la logistique implacable qui fait la loi dans les ruches ou dans les fourmilières, montrent qu'il n'en est rien. Dalila Bovet souligne l'intérêt qu'ont des animaux à développer des capacités de coopération entre individus, comme l'échange de nourriture. *« Certaines chauves-souris vampires ne se nourrissent que de sang et ne peuvent rester plus de 48 heures sans trouver de proie. Lorsque c'est le cas, les compagnes de la chauve-souris en difficulté lui régurgitent une partie du sang qu'elles ont pu récolter. De cette manière, tous les membres du groupe parviennent à survivre. »*

Mais le rire ? S'il n'en reste qu'un, qui pourra contester que le rire est le propre de l'homme ? *« Les rats rigolent sans arrêt quand on les chatouille,* répond Georges Chapouthier, *le neuroscientifique estonien Jaak Panksepp l'a démontré. Les ratons jouent entre eux en passant leur temps à rire, mais on ne les entend que dans les ultrasons. Moi-même, j'ai vécu un an avec des chimpanzés et ceux-ci adorent faire des farces. L'un d'entre eux, très amical, se précipitait parfois vers moi avec un air de menace que je ne m'expliquais pas.*

Le poulpe aussi fait usage d'outils, comme cette coquille destinée à le protéger des prédateurs.
© Alex Mustard / Naturepl.fr / EB Photo

Un jour, je me suis mis en retrait comme s'il me faisait peur, et il est parti en rigolant ! Sa menace, c'était une blague, mais j'ai mis un peu de temps à le comprendre. » Derrière le rire et l'humour, c'est aussi tout un registre d'émotions et de sentiments qui se révèle dans la vie animale et devient un champ d'observation à part entière.

Savoir que l'on sait… ou que l'on ne sait pas

Des capacités cognitives telles que l'on ne peut plus mettre en doute le fait que les animaux sont conscients, c'est-à-dire qu'ils ont une perception du monde, qu'ils savent où ils sont, où ils vont et ce qu'ils font. Cette conscience s'accompagne vraisemblablement d'une conscience de soi, mais cela reste à démontrer pour la grande majorité des espèces, ainsi qu'une conscience d'autrui. Quand on observe par exemple deux chimpanzés de rang inférieur capables de s'allier contre un troisième, dominant, cela suppose qu'ils savent qui ils sont, où ils se situent dans le groupe, qui et où sont les autres et, enfin, que l'autre pense, faute de quoi aucune alliance n'est possible. Ces animaux sont donc capables de reconnaître l'existence d'états mentaux chez eux-mêmes comme chez les autres individus, une double aptitude désignée par les sciences cognitives comme la théorie de l'esprit.

On peut même parler, chez certaines espèces, de métacognition, c'est-à-dire la faculté de savoir que l'on sait ou que l'on ne sait pas. Des expériences en ce sens ont été réalisées avec des dauphins à qui l'on demande de reconnaître deux sons, l'un de basse fréquence, l'autre de haute fréquence, liés à deux leviers différents. Quand le dauphin croit reconnaître une basse fréquence, il appuie sur le levier A, et sur B pour la haute fréquence. Une bonne réponse lui donne droit à une récompense. Progressivement, on réduit la différence de fréquence entre les sons et il devient de plus en plus difficile de les attribuer à l'une ou l'autre fréquence. Le dauphin n'est plus certain de la réponse : il actionne alors un troisième levier, qui ne donne droit qu'à une récompense plus maigre. Ce qui, selon les chercheurs, veut dire : je ne sais pas, mais j'espère quand même obtenir ma récompense.

Les animaux sont capables de reconnaître l'existence d'états mentaux chez eux-mêmes comme chez les autres individus, une double aptitude désignée par les sciences cognitives comme la théorie de l'esprit.

Ces compétences multiples et complexes le démontrent chaque jour un peu plus : l'animal est bien un sujet à part entière, un être ayant des expériences. Un être sensible, en somme, ou comme préfèrent le caractériser désormais les éthologues, un être sentient. Cette notion de sentience, venue du monde de la recherche anglo-saxonne, n'est entrée que récemment dans l'usage français.

« *Contrairement au terme de sensibilité, la sentience inclut la notion de conscience,* commente la primatologue Élise Huchard, chercheuse au Centre d'écologie fonctionnelle et évolutive[2], à Montpellier. *Dire d'un être qu'il est sentient, c'est reconnaître qu'il a des expériences subjectives, qu'il est présent au monde en tant que sujet et pas seulement objet, ce qui implique des formes de conscience et de conscience de soi.* »

La sentience implique ainsi que le sujet a des objectifs et une intentionnalité, alors que la sensibilité est plutôt liée à une forme de passivité, avec de la perception et des réactions, mais sans l'idée d'un sujet agissant. « *En éthique, la sentience est une porte d'entrée à la considération morale,* ajoute la chercheuse. *Dès lors qu'un individu est sentient, il devrait être digne de considération morale, sachant que, de ce que l'on en sait aujourd'hui, la plupart des vertébrés le sont, ainsi que certains invertébrés comme les céphalopodes.* »

Dans le même esprit, Cédric Sueur parle, lui, d'agentivité. Éthologue à l'Institut pluridisciplinaire Hubert Curien[3], il envisage celle-ci comme « *la capacité d'un individu à agir sur son environnement de manière intentionnelle, donc avec une forme de conscience* ». Une approche très semblable à celle de la sentience, mais qui souligne davantage, selon lui, le statut de sujet qu'il faut reconnaître à l'animal, non seulement pour des raisons éthiques, mais aussi scientifiques. « *Laisser les animaux exprimer leurs réactions et leurs comportements est indispensable si l'on veut évaluer leurs compétences cognitives réelles*, souligne le chercheur. *Or, nos préjugés ou les conditions d'expérimentation entravent encore souvent leur agentivité.* »

Les obervations de terrain reconnues

Les conditions et les possibilités d'expérimentation sont l'une des deux grandes limites qui freinent encore les éthologues dans leur désir de mieux comprendre ce que pensent et vivent les animaux. Longtemps l'expérimentation a été la règle, par opposition à l'observation sur le terrain. « *On ne pouvait prétendre faire de la science à partir des seules observations en milieu naturel,* rappelle Élise Huchard. *Pour obtenir des résultats scientifiques, il fallait des expérimentations standardisées, réalisées dans des conditions de laboratoire.* » Aujourd'hui, la validité du travail sur le terrain est largement reconnue, alors qu'on pointe les biais liés à certaines expériences comportementales, qui proposent aux animaux des tâches parfois déconnectées de leur environnement naturel et sensoriel, qui peuvent

L'éthologue Cédric Sueur étudie les réseaux sociaux et les comportements culturels des macaques du Japon.
© Aurélien Prudor

engendrer du stress et soulever des problèmes éthiques liés au maintien en captivité des sujets d'étude. Leurs comportements peuvent aussi être biaisés par la présence du chercheur ou de la chercheuse... Mais les observations sur le terrain exigent énormément de temps et peuvent être contraintes par des difficultés logistiques, et se limitent souvent à des approches corrélatives qui ne permettent pas d'établir la causalité d'un phénomène. Si bien que les deux approches, laboratoire et terrain, sont plus complémentaires qu'antagonistes.

Vers un anthropomorphisme critique

La seconde grande limite est plus profonde : comment éviter de comparer le vécu des animaux à notre propre vécu, et de réintroduire une échelle de valeurs ? Pendant des années, l'anthropomorphisme a été considéré comme le piège à éviter à tout prix : en aucun cas, le chercheur ne devait prêter à l'animal des comportements comparables à celui des humains ou interpréter ses réactions en les comparant aux nôtres. On connaît l'exemple de certaines mimiques faciales de primates qu'on est tenté de comprendre comme des sourires, mais des formes d'anthropomorphisme moins naïf peuvent se glisser jusque dans les neurosciences. Si on a cru trop longtemps que les oiseaux, mais aussi les poissons et des espèces très éloignées de la nôtre n'avaient que des capacités cognitives et émotionnelles limitées, c'est bien parce qu'on était convaincu que ces animaux n'avaient pas un cerveau comparable au nôtre et qu'il était par conséquent inutile de s'y intéresser.

L'éthologie est entrée dans une nouvelle phase. On juge désormais que cette suspicion radicale envers l'anthropomorphisme s'est avérée plutôt contre-productive en tuant dans l'œuf toute une série de pistes et d'hypothèses de recherche. Notre regard sur le monde est par définition anthropomorphique, il ne faut donc pas chercher à le fuir, mais en être conscient. À charge pour le chercheur de pratiquer alors ce que Cédric Sueur nomme « *un anthropomorphisme critique, qui donne la possibilité d'émettre plusieurs hypothèses, mais de s'appuyer ensuite sur des démonstrations rigoureuses et scientifiques pour valider telle ou telle compétence cognitive chez l'animal, sans jugement de valeur* ». Et le chercheur d'insister : cette méthode critique considère l'intelligence animale ou les intelligences animales dans leur singularité – chaque espèce réagit avec ses propres contraintes et dans son propre milieu –, sans chercher à les comparer d'un point de vue qualitatif avec l'intelligence humaine, ni à établir une nouvelle hiérarchie au sein du règne animal.

Pour autant, l'anthropomorphisme critique n'empêche pas de faire preuve d'imagination et de tenter, autant que faire se peut, de « penser animal ». En se souvenant, par exemple, que les types de perception, très différents d'une espèce à l'autre, sont un élément capital de la cognition. Des oiseaux réagissent positivement au test du miroir, utilisé pour juger de l'aptitude à la conscience de soi, mais pas les chiens. Or, ce dispositif fait appel uniquement au sens de la vue, et des tests du même ordre adaptés au sens de l'odorat ont montré que les chiens y réagissent positivement... Penser animal, c'est aussi se faire à l'idée, même si l'exercice est loin de nous être familier, que l'intelligence n'est pas obligatoirement une question de degrés, mais qu'elle peut se déployer selon des actions et des modes divers – l'intelligence collective des fourmis en est une des multiples illustrations. Penser, donc, en termes de différences et non pas de supériorité. Nous n'entrerons jamais dans la tête des animaux, mais à mieux les connaître, nous ne pourrons que mieux les respecter.

[1] *La Conscience des animaux*, éditions Quae, octobre 2018.

[2] Unité CNRS/École pratique des hautes études – PSL/Institut de recherche pour le développement/Université de Montpellier.

[3] Unité CNRS/Université de Strasbourg.

C'est un fait établi : de nombreux animaux utilisent ou fabriquent des outils. Mieux, les usages et habitudes au sein d'une même espèce varient d'un lieu à l'autre, démontrant l'existence de cultures animales, non déterminées génétiquement. Au cœur de ces cultures : la transmission sociale, à laquelle les chercheurs s'intéressent de près.

ÉTONNANTES **cultures animales**

Par Laure Cailloce

C'est en octobre 1960, au beau milieu de la forêt équatoriale tanzanienne, que Jane Goodall fit une découverte qui allait profondément bouleverser notre vision des capacités cognitives des animaux : la jeune éthologue britannique observa pour la première fois en milieu naturel la fabrication et l'utilisation d'un outil par un animal non humain, en l'occurrence un chimpanzé qui harponnait des termites avec une brindille astucieusement glissée dans la termitière. Depuis, les observations d'utilisation d'outils par nos plus proches cousins (nous partageons plus de 98 % de notre génome avec eux) se sont multipliées, révélant toute la complexité de ce comportement chez l'animal.

« *L'étude la plus célèbre date des années 1980 et concerne le cassage des noix,* rapporte Christophe Boesch, primatologue à l'Institut Max Planck d'anthropologie évolutionniste à Leipzig, en Allemagne. *Pour ouvrir les cinq espèces de noix qui font partie de leur régime alimentaire, on a découvert que les chimpanzés de la forêt de Taï, en Côte d'Ivoire,*

◥ En Indonésie, les cacatoès de Goffin utilisent successivement trois outils différents pour accéder aux graines de la mangue sauvage dont ils se délectent. © Mark O'Hara, Goffin Lab Tanimbar / Vetmeduni

utilisaient non pas un mais trois outils différents, suivant le modèle éprouvé du marteau et de l'enclume. Ils placent une noix sur une racine d'arbre, l'enclume donc, et manipulent pour la casser un percuteur, caillou ou branche suivant la dureté du fruit. Pour déguster Panda oleosa, *la noix la plus dure d'Afrique, ils choisissent un granit qui pèse au moins deux kilos, un caillou assez rare dans la forêt tropicale.* » (lire aussi l'article page 98).

En captivité, les primates à qui l'on fournit le matériel adéquat se livrent à des activités manuelles toutes humaines. Certains gorilles, chimpanzés ou orangs-outans, révèlent un vrai goût pour le dessin, avec des styles et des usages de couleurs différents selon les individus, comme l'a récemment montré Cédric Sueur, éthologue à l'Institut pluridisciplinaire Hubert Curien[1]. D'autres encore jouent à des jeux sur des tablettes tactiles...

Les oiseaux, de « grands singes à plumes »

Mais les primates, avec leurs mains si semblables aux nôtres, ne sont pas les seuls à imaginer et à fabriquer des solutions techniques innovantes. Les oiseaux, qui en sont notoirement dépourvus, se sont révélés d'excellents bricoleurs, à la surprise des scientifiques... « *Jusqu'à il y a vingt ans, on les pensait seulement capables de réactions de type réflexe ou d'apprentissage conditionné stimulus-réponse* », rapporte Dalila Bovet, au laboratoire Éthologie, cognition, développement, à l'université Paris-Nanterre. Les observations et expériences réalisées ces dernières années chez les corvidés et les psittacidés (la famille des perroquets et des perruches), essentiellement, ont changé notre façon de voir les choses, au point que la chercheuse n'hésite plus à qualifier ces volatiles de « *grands singes à plumes* ». En Indonésie, des cacatoès de Goffin ont été vus en train d'utiliser pas moins de trois outils successivement pour accéder aux graines de la mangue sauvage qu'ils

Les primates ne sont pas les seuls à imaginer des solutions techniques innovantes. Les oiseaux se révèlent aussi d'excellents bricoleurs.

◤ Le capucin barbu d'Amérique du Sud utilise la technique dite du marteau (la lourde pierre) et de l'enclume (le rocher) pour casser des noix.
© Ben Cranke / Naturepl.fr / EB Photo

affectionnent : après avoir enlevé la peau du fruit avec leur bec, les oiseaux font levier avec une brindille suffisamment solide pour ouvrir le noyau, puis percent avec une écharde la membrane contenant les précieuses graines, avant d'extraire celles-ci grâce à un bout de bois aplati par leurs soins.

En milieu contrôlé, cette fois, les corneilles et perruches sont capables d'utiliser ce que les chercheurs appellent des « méta-outils », des outils permettant d'obtenir d'autres outils, qui eux-mêmes serviront à accéder à la récompense alimentaire convoitée. Par exemple, un bâton suspendu à un fil, dont l'oiseau s'empare pour pousser une pierre placée dans un tube horizontal ouvert aux deux extrémités, laquelle pierre sera ensuite jetée dans un récipient rempli d'eau afin de faire monter le niveau et récupérer la nourriture qui flotte à la surface… Le tout en une poignée de minutes à peine ! « *Non seulement les oiseaux sont tout à fait à même d'innover dans des situations inédites pour eux, mais ils sont aussi capables de planification* », commente la chercheuse.

Le « couteau suisse » des corbeaux calédoniens

Les corbeaux de Nouvelle-Calédonie ne sont pas en reste : pour faire sortir les insectes logés sous l'écorce des arbres, ils fabriquent des spatules qu'ils découpent dans la feuille large et robuste d'une plante bien particulière : le *Pandanus*. « *Le corbeau procède en plusieurs étapes,* décrit la chercheuse. *Il découpe dans ces feuilles des languettes allongées, puis y pratique des indentations en forme d'escalier.* » Plus étonnant encore, la technique de fabrication varie suivant les individus et les zones géographiques : certains oiseaux tailleront de minces languettes, tandis que d'autres fabriqueront des languettes à la base élargie et au sommet plus fin, adaptées à plusieurs usages différents. « *Ce deuxième outil est un véritable couteau suisse, très efficace d'un point de vue fonctionnel* », raconte Dalila Bovet.

◤ Ces orques de l'océan Austral harcèlent un phoque avec une technique unique : créer des vagues qui déferlent sur le morceau de banquise et poussent le phoque à l'eau, jusqu'à épuisement.

De là à parler de l'existence de véritables comportements culturels chez les animaux, spécifiques à des groupes particuliers, il n'y a qu'un pas que les scientifiques aujourd'hui n'hésitent plus à franchir. Primates, oiseaux, mais aussi cétacés, seraient dépositaires de savoirs uniques : on sait depuis peu que les populations d'orques ne poursuivent pas les mêmes proies et n'utilisent pas les mêmes techniques de chasse d'un point à l'autre de la planète. « *Un comportement culturel est un comportement présent dans un groupe d'une espèce donnée et absent dans au moins un autre groupe,* définit Cédric Sueur. *C'est un comportement qui n'est pas déterminé génétiquement et nécessite donc un apprentissage social, aussi bien horizontal (entre individus) que vertical (entre générations).* » Raison pour laquelle il s'observe surtout chez les espèces dites « sociales », où les relations entre congénères sont nourries, et où le temps que les jeunes passent avec leurs parents dure de plusieurs mois à plusieurs années.

Apprentissage social : les insectes aussi !

« *À la fin du XX*e *siècle encore, les insectes étaient souvent vus comme de simples robots,* explique Étienne Danchin[1]. *Mais on commence à découvrir que ces invertébrés aussi sont capables d'apprentissage social sophistiqué – la clé de toute tradition culturelle dans un groupe.* » La preuve avec la drosophile, cette petite mouche très étudiée en laboratoire, chez qui le chercheur a réussi à créer une nouvelle habitude : le choix du partenaire sexuel. « *Chez les mammifères, y compris chez l'humain, le choix du partenaire est très influencé par le groupe. Eh bien, c'est la même chose chez la drosophile.* » En proposant des mâles recouverts de poudre verte à des femelles, le chercheur a montré que les jeunes drosophiles qui étaient témoins de la scène d'accouplement montraient ensuite une préférence pour les mâles verts. Ce nouvel usage pourrait se transmettre sur des dizaines de générations – jusqu'à plusieurs milliers d'après une modélisation statistique, l'équivalent de 274 années si l'on cherche à donner un sens biologique à ces modèles. Non seulement les femelles apprennent des autres mais si on leur montre deux usages contradictoires – 60 % des individus observés choisissent un mâle vert et 40 % un mâle rose, par exemple –, elles apprennent des comportements de la majorité et jettent leur dévolu sur un partenaire vert. Un choix éminemment conformiste.

[1] Unité CNRS/Institut de recherche pour le développement/Université Toulouse III – Paul Sabatier.

Depuis dix ans déjà, Cédric Sueur se passionne pour les macaques du Japon, une espèce forestière présente dans tout l'archipel nippon, à l'exception de l'île d'Hokkaido. Une aubaine pour qui s'intéresse aux comportements culturels, tant cette espèce fait preuve de plasticité. « *Le premier indice d'une culture animale remonte aux années 1950, sur l'île de Koshima, lorsque le chercheur japonais Kinji Imanishi distribua des patates douces pour attirer les singes dans un milieu ouvert afin de mieux les observer. Quelle ne fut pas sa surprise de voir qu'une jeune femelle, qu'il prénomma Imo (patate douce, en japonais), se mit à laver les patates pleines de sable dans l'eau de mer, un comportement nouveau qui s'étendit en quelques années à une cinquantaine d'individus, et perdure aujourd'hui.* »

Culture du bain chez les macaques

Plus spectaculaire encore pour des animaux réputés ne pas aimer l'eau : la culture du bain découverte quelques années plus tard dans les sources chaudes de Jidokudani Yaen-Koen, et manifestement copiée sur les usages humains. « *À ce jour, au Japon, c'est la seule population sauvage de montagne à prendre des bains chauds* », précise Cédric Sueur. Une habitude qui aurait de vrais bénéfices pour ces singes, en réduisant le stress dû au froid. Autre île, autre technique pour lutter contre les rigueurs de l'hiver : à Shodoshima, les singes se blottissent les uns contre les autres lorsque le soir tombe et forment de véritables brochettes de 20, 30, voire 40 individus, un usage nommé *sarudango* – littéralement, « brochettes de singes ». « *Ce comportement, qu'on observe à la tombée de la nuit, ne se retrouve dans aucune des populations de singes situées plus au nord* », précise le scientifique.

« *La géographie est un facteur déterminant pour la culture,* confirme Christophe Boesch. *Les cinq noix consommées par les chimpanzés de la forêt ivoirienne*

◣ Cette population de macaques du Japon est la seule de l'archipel à prendre des bains dans des sources chaudes.

de Taï sont présentes dans toute l'Afrique tropicale, que ce soit au Gabon, au Congo, ou encore au Cameroun. Pourtant, les chimpanzés de ces pays ne les consomment pas, et ne pratiquent donc pas le cassage de noix. » Les frontières naturelles, comme dans le cas japonais, semblent jouer un vrai rôle dans la différenciation culturelle entre groupes : « *Au sein même de la Côte d'Ivoire, les chimpanzés situés à l'ouest du fleuve Sassandra, l'un des plus larges du pays, cassent les noix, mais pas ceux situés à l'est du cours d'eau* », témoigne le scientifique.

Des fouilles archéologiques menées en Côte d'Ivoire ont mis au jour des éclats de pierre vieux de plusieurs milliers d'années, qui pourraient avoir été utilisés par des chimpanzés.

Des usages qui se transforment

Alors que les travaux sur les cultures animales ne cessent de prendre de l'ampleur, une question reste taboue chez les éthologues : peut-on parler, s'agissant des animaux, d'évolution culturelle cumulative ? En d'autres termes, les animaux sont-ils capables de transformer au fil des générations un usage ou un comportement, comme cela s'est produit dans l'histoire de l'espèce humaine ? Pour Dalila Bovet, le cas des corbeaux calédoniens en est une preuve : « *L'outil à la base la plus large, le fameux "couteau suisse", est incontestablement une amélioration apportée à l'invention initiale.* » Directeur de recherche émérite au laboratoire Évolution et diversité biologique[2] à Toulouse, l'écologiste du comportement Étienne Danchin s'indigne de l'arrogance de la question (« *Quand l'humain cessera-t-il de se penser toujours au-dessus des autres espèces animales ?* ») et convoque à l'appui de sa démonstration les fameux macaques japonais de l'île de Koshima.
« *En quelques décennies à peine, à partir d'une simple patate lavée dans la mer, des macaques forestiers qui n'aiment pas l'eau ont adopté un mode de vie au bord de l'eau, avec des jeunes qui se mettent à jouer dans cet élément et des adultes qui peuvent pêcher et manger du poisson… Quel meilleur exemple d'accumulation culturelle ?* », interroge le scientifique, spécialiste d'hérédité non génétique. L'archéologie pourrait venir au secours des éthologues. Des fouilles menées dans la forêt de Taï, notamment, ont mis au jour des éclats de pierre vieux de plusieurs milliers d'années, qui pourraient avoir été utilisés par des chimpanzés. Mais les résultats de ces études restent encore très débattus. Et certains des outils utilisés par les animaux, feuilles, brindilles, ne sont pas de nature à traverser les siècles. Étienne Danchin invite ses collègues à changer le filtre avec lequel ils observent les cultures animales. « *Nous ne voyons pas ces phénomènes, car nous sommes obnubilés par l'hypertechnologie de notre société moderne, nos smartphones, etc. Ce faisant, nous oublions un peu vite que nous-mêmes avons frappé des pierres et utilisé des bouts de bois pendant des centaines de milliers d'années avant d'en arriver là. Et pourtant nous n'en étions pas moins humains, déjà.* » ◥

[1] Unité CNRS/Université de Strasbourg.

[2] Unité CNRS/Institut de recherche pour le développement/ Université Toulouse III – Paul Sabatier.

Quel est le point commun entre une fourmi du désert et un chimpanzé de la forêt tropicale ? Entre un geai et une seiche ? Les premiers font montre d'un sens de la navigation bluffant, les seconds d'une mémoire exceptionnelle qui leur permet de se projeter aussi bien dans le passé que dans le futur pour prendre des décisions…

S'ORIENTER **sans horloge ni boussole**

Par Laure Cailloce

Illustration : Nadège Dauvergne

Imaginez un être de quelques millimètres de long à peine, capable de parcourir plusieurs centaines de mètres pour trouver de la nourriture et de revenir sans se perdre à son point de départ, chargé du précieux butin. Cet exploit, des milliards de fourmis l'accomplissent chaque jour partout sur la planète. Et malgré la petite taille de ces insectes, il n'est pas resté longtemps inaperçu des naturalistes… « *Au XIX*e *siècle déjà, Darwin s'émerveillait de la façon dont les insectes sociaux, abeilles, fourmis, arrivaient à retrouver leur nid et, dès les années 1880, les scientifiques comme le Français Jean-Henri Fabre se sont employés à déplacer des fourmis et n'ont pu que confirmer leur incroyable sens de la navigation* », rappelle Antoine Wystrach, éthologue au Centre de recherches sur la cognition animale[1] à Toulouse. La question, dès lors, n'a cessé de se poser : mais comment font-elles ?

L'exemple des fourmis d'Australie étudiées par l'éthologue donne un bon aperçu de leurs incroyables compétences. « *Sur le terrain, il arrive que*

◢ Les techniques de navigation des fourmis étudiées par Antoine Wystrach démontrent la capacité des mini-cerveaux à produire des comportements sophistiqués.

le vent souffle fort et que des bourrasques projettent les fourmis à plus de dix mètres sans jamais réussir à les perdre, puisqu'elles retrouvent systématiquement leur nid ! » témoigne le chercheur, qui a décidé de reproduire l'expérience avec un souffleur de feuilles, afin de mieux comprendre les stratégies à l'œuvre. Il a alors observé un drôle de comportement : juste avant d'être soufflées, les fourmis s'accrochent au sol avec leurs pattes et semblent lire leur orientation dans le ciel.
« *Leurs antennes permettent de détecter la direction du vent par rapport à leur corps – est-ce qu'il vient de leur gauche, de leur droite, de derrière...,* explique l'éthologue. *Combinée à la lecture du ciel, cette information leur permet d'en déduire d'où souffle le vent par rapport à celui-ci.* » La preuve par l'expérience : lorsque les chercheurs bloquent leur accès au ciel au moment où elles s'arc-boutent au sol, les fourmis sont dans l'incapacité de retrouver leur chemin.

La fourmi, le podomètre interne et le compas céleste

La navigation chez tous les animaux, grands ou petits, combine en réalité deux stratégies universelles : l'intégration du trajet, qui permet à l'animal d'avoir une première estimation de la distance parcourue et de la direction prise, et l'utilisation de repères terrestres mémorisés. « *Les fourmis du désert sont les championnes du monde d'intégration du trajet,* raconte Antoine Wystrach. *Elles estiment la distance parcourue au nombre de pas qu'elles font – on parle de podomètre interne, car si on les équipe de petites échasses à l'aller et pas au retour, cela brouille leur estimation ! –, et évaluent la direction grâce au compas céleste : la position du Soleil dans le ciel, la polarisation de la lumière (que l'œil humain ne perçoit pas), la variation d'intensité de la lumière dans le ciel, mais aussi le changement subtil de couleurs (plus vert côté soleil, plus ultraviolet de l'autre côté)... sont autant d'indices qui font de ce compas céleste un instrument très fiable.* » Avantage de l'intégration du trajet : cette technique fonctionne dès la toute première sortie du nid. Inconvénient : utilisée seule, elle ne permet pas à la fourmi de retrouver son chemin si elle est déplacée à vingt mètres de son nid.
C'est là qu'intervient la seconde stratégie : celle des repères terrestres. On ne parle pas ici de mémoriser telle branche ou tel caillou, croisés en chemin... Ce sont en effet des scènes visuelles complètes que les fourmis « impriment » tout au long du parcours. Leur vue à très basse résolution et leur champ visuel à 300 degrés leur permettent d'embrasser toute une scène en un seul coup d'œil, sans détails superflus, et donnent une signature spécifique à chaque endroit traversé. « *En réalité, ces différentes techniques de navigation sont plus ou moins sollicitées suivant les espèces,* explique Antoine Wystrach. *Celles du désert feront plus confiance à l'intégration du trajet, tandis que les espèces qui vivent en forêt feront davantage appel aux repères terrestres. Mais c'est bien*

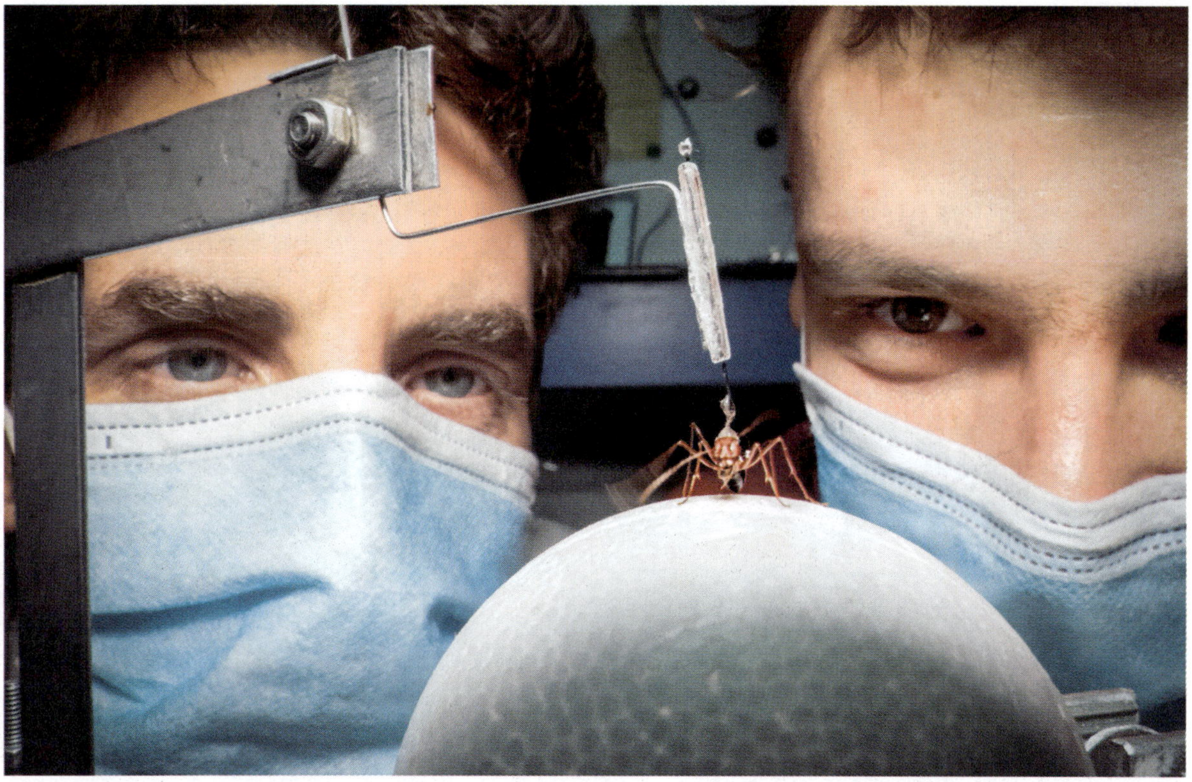

la redondance des systèmes utilisés qui permet à toutes d'effectuer des trajets de plus en plus précis et de revenir en ligne droite au nid, une fois la nourriture trouvée. » Il n'y a rien de mécanique dans ces comportements : on voit durant la phase de développement des jeunes fourmis leurs compétences en navigation se renforcer à mesure que les jours passent, preuve que l'apprentissage et l'expérience sont primordiaux pour le développement de ces capacités cognitives.

La carte mentale du chimpanzé

Plus proches de nous génétiquement, nos cousins chimpanzés ont révélé très récemment des qualités de navigation qui dépassent pourtant de loin les aptitudes des humains ordinaires : ils utilisent pour s'orienter une véritable carte spatiale mentale. À l'origine de cette découverte, Christophe Boesch, primatologue, directeur émérite à l'Institut Max Planck d'anthropologie évolutionniste, à Leipzig, en Allemagne, travaille depuis plus de quarante ans au cœur du parc national de Taï, en Côte d'Ivoire. « *C'est un environnement de forêt tropicale humide extrêmement dense, dont la canopée se situe à environ une trentaine de mètres de hauteur. De celle-ci, émergent de grands arbres d'une cinquantaine de mètres de haut, tandis que de plus petits se développent plus bas. Sans boussole, un humain qui décide de s'y aventurer se perd dans les 20 premiers mètres. Mais les chimpanzés, eux, évoluent avec aisance sur des territoires de 25 à 30 kilomètres carrés.* »

Pour comprendre comment ces primates arrivent à s'orienter dans un milieu aussi complexe, une seule solution : se munir de GPS et les suivre dans la forêt dense, afin de cartographier leurs moindres déplacements. Mais pour cela, le chercheur a dû s'armer de patience. À la différence des études menées en captivité, de loin les plus nombreuses chez les primates, étudier les capacités cognitives des grands singes en milieu naturel demande du temps, beaucoup de temps : il faut près de cinq ans pour qu'un groupe de chimpanzés s'habitue à une présence humaine...

◣ Les chimpanzés parcourent chaque jour 5 à 10 km dans la forêt dense.
© Anup Shah / Naturepl.fr / EB Photo

Pour trouver sa nourriture favorite, les fruits juteux et sucrés qui poussent surtout sur les grands arbres émergents, les plus rares dans la forêt, le chimpanzé est capable de parcourir chaque jour une distance de 5 à 10 kilomètres dans la forêt humide. *« Nous avons fait une carte complète de tous les arbres de la forêt où les chimpanzés vont manger, ce qui représente près de 15 000 végétaux. Puis nous avons retracé tous les trajets des chimpanzés sur ce territoire durant cinq années. Cela nous a permis de voir s'ils allaient au hasard lorsqu'ils quittaient leur nid, ou s'ils avaient un but précis. »*

Les chimpanzés connaissent précisément la position des arbres qui les intéressent et la distance entre ceux-ci.

La notion du temps qui passe

Résultat : non seulement les singes vont en ligne droite d'un arbre à l'autre, en cheminant au sol, mais ils accélèrent à l'approche de leur destination. Comme s'ils avaient une carte mentale précise de la position des arbres qui les intéressent, mais aussi des distances entre ceux-ci. Autre motif d'étonnement : ils se souviennent de la production de fruits d'un arbre et y reviennent la saison suivante au moment de la fructification. *« En forêt tropicale, la fructification des arbres peut être très erratique,* complète Christophe Boesch. *Certaines espèces produisent des fruits tous les ans, d'autres tous les quatre à cinq ans. Quand les chimpanzés inspectent la forêt et qu'ils repèrent un arbre " irrégulier" en train de fructifier, ils vont inspecter tous les individus de la même espèce. »* Preuve que ces primates ont de solides connaissances botaniques *(voir aussi l'article page 118)* en plus de leurs capacités de navigation, puisqu'ils savent différencier les espèces d'arbres et connaissent leurs cycles. Preuve, aussi, qu'ils ont la notion du temps qui passe et sont capables de se souvenir des événements du passé pour prendre des décisions dans le présent.

Cette mémoire des événements, dite « mémoire épisodique » (que s'est-il passé, où, quand ?), les humains, qui s'en croyaient les seuls détenteurs, l'ont longtemps refusée aux animaux. Mais comme de nombreux autres supposés « propres de l'homme », force est de constater qu'elle est bien présente dans le monde animal, comme le raconte l'éthologue Christelle Jozet-Alves, au laboratoire d'Éthologie humaine et animale[2] à Caen.

« Depuis le début des années 1970 et les études menées chez l'humain après des traumatismes cérébraux, on fait la distinction entre deux types de mémoire, explique la chercheuse. *La mémoire sémantique, qui est la mémoire factuelle de toutes les connaissances que nous avons sur le monde qui nous entoure, et la mémoire dite "épisodique", qui est la mémoire des événements personnellement vécus et ancrés dans un contexte spatio-temporel. C'est cette mémoire épisodique qui est par exemple défaillante chez les personnes atteintes de la maladie d'Alzheimer. »*

Faute de pouvoir interroger les animaux pour savoir s'ils avaient des souvenirs, on s'était imaginé que ceux-ci en étaient dépourvus... Jusqu'à la petite révolution intervenue à la fin des années 1990 :

un travail mené à Cambridge sur les geais buissonniers, une espèce de corvidés qui a pour habitude de cacher sa nourriture dans une centaine de cachettes différentes et de la récupérer parfois jusqu'à une année plus tard. « *En leur fournissant à la fois des vers frais, leur péché mignon, et des noix, on s'est rendu compte qu'une fois passée la date de péremption des vers frais, qui ne présentaient alors plus d'intérêt pour eux, les oiseaux ne ciblaient plus que les cachettes où ils avaient placé les noix. Preuve qu'ils ont la notion du temps qui passe, et des souvenirs spatio-temporels précis.* »

Questions pour une seiche

Christelle Jozet-Alves s'est intéressée, elle, à un tout autre genre d'animaux : les céphalopodes. « *Si on connaissait leurs exceptionnelles capacités de camouflage, les scientifiques ne s'attendaient pas à grand-chose sur le plan des capacités cognitives de ces invertébrés* », raconte la chercheuse, qui a pourtant réussi à démontrer dès 2013 qu'on les avait sous-estimés : quand il s'agit de déguster sa nourriture préférée, en l'occurrence la crevette par opposition au crabe, la seiche démontre qu'elle a tous les attributs d'une mémoire de type épisodique. Elle est capable de faire des voyages mentaux dans le passé, mais aussi dans le futur, pour prendre des décisions dans le présent. Ainsi, quand les seiches qui évoluent dans les aquariums du laboratoire ont la possibilité de manger des crevettes le soir, et qu'on leur présente du crabe dans la journée, elles finissent par délaisser le crabe pour ne manger que les crevettes du soir ; mais si la présence de crevettes le soir devient imprévisible, il leur faut trois jours à peine pour changer de comportement et manger systématiquement le crabe qu'on leur présente en journée.

Jamais en manque d'inspiration, les chercheurs vont même jusqu'à poser des questions aux seiches afin de tester leurs souvenirs ! Comme dans cette expérience où la seiche doit toucher avec un tentacule l'un des trois panneaux qu'on lui présente – chaque panneau portant un symbole différent.

Le geai buissonnier et la seiche : deux espèces qui possèdent une mémoire remarquable des événements du passé.

La seiche est capable de faire des voyages mentaux dans le passé, mais aussi dans le futur, pour prendre des décisions dans le présent.

« On la met dans trois situations : soit face à une proie enfermée dans un tube (stimulus visuel), soit face à une odeur (stimulus olfactif), soit on lui présente un tube vide et pas d'odeur (rien, donc), et après une période d'apprentissage, la seiche arrive sans peine à désigner le panneau correspondant à chaque situation », rapporte Christelle Jozet-Alves.

Une mémoire liée au mode de vie

L'expérience en tant que telle peut alors débuter : l'éthologue refait l'exercice, puis tourne les talons sans poser de question. Trois heures plus tard, elle revient et présente deux panneaux seulement, « je vois » ou « je sens », sans refaire de manipulation. La logique voudrait que la seiche désigne le panneau « rien », mais celui-ci n'est pas proposé... Comprenant qu'on l'interroge sur le précédent exercice, le céphalopode désigne alors le panneau correspondant à ce qui s'est produit trois heures plus tôt. En matière de déduction, Sherlock Holmes ne ferait pas mieux ! *« On a fait cette expérience avec plusieurs individus, une fois par individu, et on a eu 100 % de succès »*, s'émerveille encore la chercheuse, qui explique l'excellente mémoire de la seiche par son mode de vie très particulier : *« La seiche vit 23 heures sur 24 camouflée et se déplace une heure par jour seulement pour chercher sa nourriture, car elle a énormément de prédateurs. Durant ce laps de temps très court, elle doit savoir exactement où aller, quand, et revenir au plus vite à son point de départ. »*

Fascinée depuis l'enfance par les céphalopodes, Christelle Jozet-Alves témoigne avoir changé de regard sur ces animaux depuis qu'elle a découvert leurs remarquables capacités cognitives et ne cache pas les contradictions auxquelles son métier l'expose : *« La captivité permet de faire progresser la connaissance et le regard que l'on porte sur cet animal, mais elle pose en retour au chercheur que je suis de vraies questions éthiques. »*

[1] Unité CNRS/Université Toulouse III – Paul Sabatier.

[2] Unité CNRS/Université de Caen Normandie/Université de Rennes.

Elles possèdent «seulement» un million de neurones, et pourtant, les abeilles ont des capacités cognitives étonnantes : elles savent compter ! Aurore Avarguès-Weber, chercheuse en éthologie cognitive, ne cesse d'être surprise par leurs aptitudes mathématiques, plus proches de celles des humains qu'on ne le croit.

Les abeilles FONT LES COMPTES

Par Salomé Tissolong

On a du mal à y croire, mais Aurore Avarguès-Weber, chercheuse en éthologie cognitive au Centre de recherches sur la cognition animale[1] (CRCA), à Toulouse, nous l'assure : « *Oui, l'abeille est capable d'utiliser des nombres, c'est-à-dire d'avoir une représentation abstraite de la quantité.* » Une découverte plutôt récente, car si l'on s'intéresse à la cognition des abeilles depuis le début du XXe siècle, les premières études concernant leurs capacités mathématiques datent du milieu des années 1990. Depuis, les chercheurs vont de découverte en découverte.

« *On sait aujourd'hui que les abeilles savent compter jusqu'à 5 ou 6,* explique l'éthologue. *Ce sont des capacités comparables à celles d'un enfant de 2 ou 3 ans. En effet, les humains peuvent compter jusqu'à l'infini, s'ils le font de façon séquentielle (1, 2, 3…). Mais sans mots à notre disposition, comme c'est le cas chez le petit enfant, notre système naturel de reconnaissance des nombres est lui aussi limité à 5 ! C'est en maternelle que les enfants apprennent à compter avec des mots. Les abeilles auraient donc un niveau "prémater-*

Les premières études sur les capacités mathématiques des abeilles datent du début des années 1990.

nelle" », estime-t-elle. Et ce n'est pas tout. Comme les jeunes enfants, les abeilles savent naturellement ordonner les nombres, du plus petit au plus grand, et sont capables de faire de petites additions et soustractions...

Des pros du calcul mental

Pour démontrer de telles capacités, les chercheurs doivent faire preuve de beaucoup d'ingéniosité... Car, comment expliquer une consigne à une abeille ? « *La première phase du test se déroule suivant le principe de l'apprentissage par essai-erreur,* explique la chercheuse. *Deux choix sont proposés à l'abeille, en l'occurrence deux images, quelle que soit la question que l'on va lui poser. Une assiette d'eau sucrée est placée sous la bonne réponse, c'est une récompense. Dans l'autre assiette, nous versons de la quinine, qui a un goût amer. Cela ne les blesse pas, mais on obtient des résultats encore meilleurs, probablement parce qu'elles font encore plus attention.* » Les exercices peuvent alors débuter.

Dans l'exercice de calcul mental, les abeilles sont ainsi invitées à entrer dans un petit labyrinthe en Y, avec un choix différent proposé dans chaque branche du Y. « *Imaginons que la consigne soit d'ajouter 1 à une quantité donnée,* explique la chercheuse. *Quand elle pénètre dans le labyrinthe, l'abeille passe à travers une image, c'est sa référence. Sur cette image, mettons qu'il y a trois ronds. Elle aura alors le choix entre deux quantités différentes, 4 et 5, et n'obtiendra une récompense que si elle choisit le bon chiffre, c'est-à-dire le 4.* » Le résultat est étonnant : non seulement les abeilles savent ajouter 1 à une quantité, mais elles savent aussi le retrancher ! Prochaine étape : tester si elles sont capables d'ajouter ou de retrancher 2.

Les compétences mathématiques des abeilles ne s'arrêtent pas là. La chercheuse a aussi démontré qu'elles avaient la notion de zéro, c'est-à-dire de l'absence de quantité. « *Les abeilles devaient comparer*

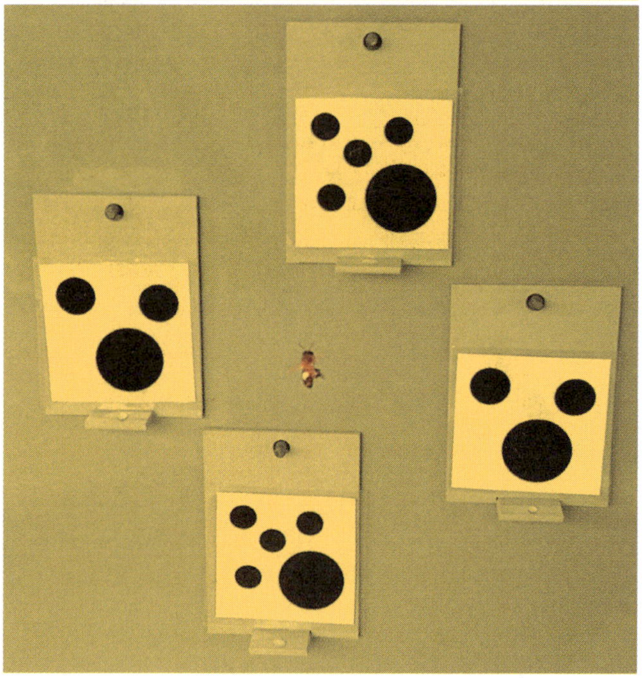

Les abeilles savent compter jusqu'à 6 et sont capables de faire de petites additions et soustractions.
© Aurore Avarguès-Weber / CRCA / CNRS Photothèque
© Scarlett Howard, Monash University (Australie)

© Peter_Waters / stock.adobe.com

les quantités et choisir la plus petite ou la plus grande. Quand elles étaient entraînées à aller vers le moins, elles allaient vers le 0 ! » On a pourtant tendance à croire que le 0 est une invention purement humaine... Les petits enfants ont d'ailleurs du mal à le traiter comme un nombre. « *Le fait que ce soit naturel chez l'abeille nous fait réévaluer les expériences faites chez les humains. On se dit alors que c'est peut-être l'inverse... Le 0 serait inné, et notre difficulté viendrait de la façon dont on compte : on commence toujours à 1* », explique Aurore Avarguès-Weber.

Son étude la plus récente, conduite en 2022, montre que les abeilles sont même capables de distinguer les nombres pairs et impairs : 2 versus 3, 4 versus 5, par exemple... « *Le plus bluffant, c'est qu'elles y arrivent même quand on leur montre de plus gros chiffres, comme 11 et 12, bien qu'elles mettent plus de temps. On ne pensait pas qu'elles y arriveraient, car la notion de nombre pair ou impair est un concept que les petits humains, eux, apprennent à l'école !* »

Tests à ciel ouvert

Aurore Avarguès-Weber réalise tous ses tests en plein air. Le CRCA, où elle travaille, possède en effet son propre rucher : « *C'est très pratique, les abeilles viennent par elles-mêmes aux tests.* » Cela assure également de meilleurs résultats que des tests réalisés en laboratoire, qui sont plus stressants pour une abeille. De plus, le plein air permet à celle-ci de retourner à la ruche avec le fameux sucre collecté : l'abeille connaît alors un renforcement social, et reviendra. « *Les abeilles qui font le test sont celles qui reviennent d'elles-mêmes, donc les plus motivées ! De plus, elles vont spontanément essayer de comprendre la règle du jeu, ce qui n'est pas le cas de toutes les espèces d'insectes* », précise la chercheuse.

Quant à savoir à quoi leur servent toutes ces capacités mathématiques... Aurore Avarguès-Weber ne peut faire sur le sujet que des hypothèses, tout en expliquant qu'il existe de nombreuses situations naturelles dans lesquelles il est important d'évaluer les quantités. « *Quand elles butinent, on peut supposer que c'est un critère supplémentaire pour reconnaître les fleurs, en comptant les pétales. C'est également un moyen d'évaluer le nombre de congénères sur une fleur, afin de savoir s'il est intéressant ou non d'y butiner ; la présence de plusieurs abeilles signale la richesse en nectar de la fleur, à l'inverse, si elles sont trop nombreuses, celui-ci est probablement sur le point d'être épuisé. On peut aussi imaginer que c'est une façon de reconnaître leur ruche, par exemple la 3e en partant de la gauche...* »

Le maniement des nombres reste un outil parmi d'autres, rappelle néanmoins la spécialiste. Les abeilles peuvent par exemple utiliser la taille ou la couleur des fleurs pour les distinguer, ou s'aider d'un repère géographique pour reconnaître leur ruche... C'est l'un des mystères que la chercheuse souhaite aujourd'hui percer. « *On aimerait découvrir si elles utilisent les nombres aussi spontanément que les humains.* Aurore Avarguès-Weber reste fascinée par la multitude de similarités entre les capacités humaines et celles des abeilles, qui ont pourtant connu une évolution indépendante de celle des primates. Et conclut : « *Finalement, on se rend compte qu'il n'y a pas besoin de beaucoup de neurones pour savoir compter. Si l'on trouve que les abeilles font des choses extraordinaires, c'est probablement parce qu'on surinterprétait leur difficulté.* » Une belle leçon d'humilité.

[1] Unité CNRS/Université Toulouse-Paul Sabatier.

Derniers-nés des recherches sur la cognition animale, les travaux sur les émotions ressenties par les animaux dévoilent une vie psychique riche et les liens forts qui se nouent entre individus. Jusqu'à étudier depuis peu les comportements de deuil chez l'animal.

Sensibles, SI SENSIBLES

Par Francis Lecompte

Illustration Nadège Dauvergne

On sait depuis longtemps que les larmes du crocodile n'ont rien à voir le chagrin, mais il n'est plus interdit de penser que certains poissons éprouvent de véritables peines de cœur. C'est en tout cas ce qu'affirme une équipe de biologistes du laboratoire Biogéosciences[1], à Dijon, preuves à l'appui. Chloé Laubu, Philippe Louâpre et François-Xavier Dechaume-Montcharmont ont ainsi décrit récemment comment le cichlidé zébré, petit poisson bleuté d'Amérique centrale, en l'occurrence une femelle, perdait manifestement tout enthousiasme dès qu'on la séparait de son compagnon mâle, apportant la preuve expérimentale que les animaux éprouvent des émotions complexes.
Si chacun d'entre nous peut se convaincre tous les jours au contact de son chien ou de son chat que les animaux expérimentent la joie, la colère ou la tristesse, cette intuition reste très liée à notre vécu. Sujet complexe s'il en est, l'exploration des émotions animales reste en effet un défi pour la science, alors que les recherches ne cessent de

◢ Biologiste du comportement, Alain Boissy travaille depuis plus de vingt ans sur les émotions des animaux d'élevage.
© Christophe Maître / Inrae

s'intensifier depuis que l'éthique et la souffrance animales sont devenues des sujets de société.
Ce sont d'ailleurs les protocoles initialement imaginés dans les années 1990 pour étudier le bien-être des animaux d'élevage qui ont rendu possible l'observation des émois amoureux du cichlidé zébré : en l'occurrence, le protocole du verre à moitié vide et du verre à moitié plein, qui permet d'identifier les individus plutôt optimistes et ceux qui sont plutôt pessimistes. *« On apprend aux poissons à ouvrir le couvercle de deux boîtes, l'une contenant une petite friandise et dotée d'un couvercle noir, l'autre vide et dotée d'un couvercle blanc,* raconte Chloé Laubu. *Ce n'est pas un geste habituel pour eux, l'exercice est fastidieux et suppose de leur part une vraie motivation. »* On remplace ensuite les deux boîtes par une troisième, au couvercle gris, donc au contenu incertain. Les poissons qui tentent quand même leur chance sont déclarés optimistes, les autres pessimistes. On place alors des femelles à proximité de mâles pour qu'elles forment un couple stable avec l'un d'entre eux. Si on les prive ensuite de la présence de ce mâle, elles deviennent pessimistes dans le sens où elles renoncent à ouvrir le couvercle gris. Preuve, selon la chercheuse, que l'état émotionnel se modifie selon la présence ou l'absence de son partenaire.

Démonstrations d'empathie

Les affinités entre individus sont donc bien réelles. Si la protection d'une mère pour son petit est un comportement communément admis dans le règne animal, les primatologues observent de longue date les liens qui se tissent ou non entre individus d'un même groupe. On sait aussi que les vaches préfèrent toujours paître avec les mêmes « copines » et que leur comportement se modifie si l'on modifie les groupes. Depuis le début des années 2000, on s'intéresse de manière plus expérimentale à ces liens d'attraction. Des expériences ont montré, par

exemple, qu'ils s'exprimaient chez des oiseaux, les cailles notamment : placés au bout d'un tapis roulant à contresens, de jeunes cailleteaux déploient toute leur énergie pour rejoindre certains de leurs congénères, réunis à l'autre bout du local, lorsque d'autres les laissent totalement indifférents.

Au-delà des liens d'affinité ou de parenté, les scientifiques constatent qu'il existe aussi de véritables comportements d'empathie chez de nombreuses espèces. « *Certains animaux se soucient de ce qui arrive aux autres et sont capables d'entraide,* confirme Dalila Bovet, éthologue au laboratoire Éthologie, cognition, développement, à l'université Paris-Nanterre. *Cela ne relève pas simplement de l'anecdote, ce sont des compétences avérées par des protocoles expérimentaux.* » L'une d'entre elles joue sur la gourmandise des rats, grands amateurs de chocolat. Un premier rat peut accéder sans difficulté à sa friandise préférée, mais pas l'un de ses camarades, piégé dans un enclos très réduit. Au lieu de se précipiter sur le chocolat, le premier rat va d'abord délivrer son congénère, et cela sans même obtenir de récompense supplémentaire. Cela peut même se vérifier sans récompense à la clé : le premier rat cherchera à délivrer son compagnon avant de reprendre ses occupations.

Sens de la justice

« *Cet altruisme purement gratuit se manifeste même chez des animaux qui ne sont pas apparentés ou qui ne se rendront jamais la pareille. On peut aller dans certains cas jusqu'à parler d'un sens de la justice chez les animaux* », poursuit la chercheuse, qui fait référence ici aux expériences du primatologue néerlandais Frans de Waal. Celui-ci a fait travailler deux chimpanzés, avec comme récompense des jetons donnant droit à du concombre. Mais lorsque le chercheur donne du raisin, meilleur que le concombre, à l'un des deux singes, l'autre refuse de travailler, sans doute saisi, selon certains chercheurs, par un sentiment d'injustice.

Une autre primatologue, Élise Huchard, du Centre d'écologie fonctionnelle et évolutive[2] de Montpellier,

◣ Dans les fratries, les jeunes babouins semblent avoir des réactions de jalousie qu'étudie la primatologue Élise Huchard.
© Élise Huchard

s'intéresse désormais à la jalousie, car elle est convaincue qu'il s'agit là d'une porte d'entrée pour mieux comprendre le vécu émotionnel des animaux. Au sein d'une population de babouins qu'elle suit depuis plus de vingt ans au cœur de la réserve de Tsaobis, en Namibie, elle tente de décrypter les réactions de jalousie parmi les fratries. *« Lorsqu'une mère toilette l'un de ses petits, elle lui manifeste de l'attention et de l'affection,* raconte la chercheuse. *Or, il arrive que l'un de ses autres petits vienne interférer dans l'opération. Nous essayons de comprendre s'il fait cela simplement pour rediriger le toilettage vers lui ou plutôt pour perturber celui de son frère ou de sa sœur, en un mot pour nuire à la relation qu'il ou elle entretient avec sa mère, par jalousie. D'après ce que nous pouvons observer, c'est plutôt cette seconde hypothèse qui doit être retenue. »*

Sentiments amoureux, jalousie, empathie... La recherche réussit à cerner chez l'animal des vécus plus complexes que de simples émotions de joie ou de tristesse. Les animaux sont des êtres sensibles, présents au monde comme de véritables sujets, même si en apporter la démonstration reste un vrai défi. *« Comme dans le cerveau humain, on sait que les animaux vertébrés possèdent un système limbique, les structures neuronales qui gèrent les émotions et la mémoire,* explique le neurobiologiste et philisophe Georges Chapouthier. *Cela ne veut pas dire pour autant qu'ils ont les mêmes vécus que nous, d'autant que notre système de perception est différent, voire très différent : comment repérer les émotions que ressent un animal face à une couleur ou une odeur que nous-mêmes ne percevons pas ? »*

La femelle cichlidé zébré, un petit poisson d'Amérique centrale, perd son optimisme lorsqu'on la sépare de son compagnon mâle.

Un individu, une émotion

Alain Boissy, biologiste du comportement des animaux, a ouvert une autre voie, davantage fondée sur la psychologie cognitive. À l'occasion de travaux réalisés pour le compte de l'Institut national de recherche pour l'agriculture, l'alimentation et l'environnement (Inrae) sur le bien-être animal à partir des années 2000, il a été amené à évaluer le rôle de la cognition dans les réactions émotionnelles. *« Des expériences en psychologie humaine ont montré,* explique-t-il, *que face à une situation donnée, tout individu traite l'information de façon quasi automatique et inconsciente pour évaluer s'il s'agit de quelque chose de nouveau, de soudain, d'agréable ou au contraire de désagréable, et s'il peut exercer un quelconque contrôle sur la situation. Ce processus d'évaluation permet de comprendre pourquoi deux individus, confrontés aux mêmes circonstances, ne ressentent pas nécessairement la même émotion ou la même intensité d'émotion. »*

Le chercheur a validé l'existence de ce processus chez des agneaux en modulant une caractéristique dans leur environnement : nouveau par rapport à familier, soudain par rapport à lent, prévisible contre imprévisible, contrôlable versus incontrôlable, etc. Ainsi, après avoir appris aux agneaux à appuyer sur un poussoir pour déclencher une distribution d'aliments d'une quantité donnée, le simple fait de diminuer par

◢ Un zèbre essaie de « réveiller » une femelle gestante morte lors de la mise bas (parc d'Etosha, Namibie).
© Christophe Courteau / Naturepl.fr / EB Photo

quatre cette récompense provoque un mouvement de retrait de la tête et un temps de latence avant que l'animal commence à manger. « *Lorsque l'agneau est testé une seconde fois, il est moins enclin à appuyer sur le poussoir, contrairement à ses congénères qui continuent de recevoir la quantité initiale,* raconte Alain Boissy. *Ce qui indique que l'agneau agit sur le poussoir avec l'intention d'obtenir une quantité donnée d'aliments. Si la situation ne répond plus à ses attentes, il éprouve une émotion négative, inférée ici par la modification subtile de son comportement et des modifications transitoires de son activité cardiaque.* »

Une vie psychique réelle

Des signes comportementaux et physiologiques qui expriment une réelle vie psychique chez les animaux, au même titre que celle connue chez les humains. Sans chercher à plaquer notre propre lecture psychologique sur les réactions des animaux non humains, le biologiste constate que des réactions de peur de l'animal sont souvent liées à ce qu'il perçoit comme nouveau et soudain, de la frustration est ressentie quand la situation qui a changé ne satisfait plus ses propres attentes ou, inversement, de la joie si la situation répond au-delà de ses attentes.
Dans quelle mesure l'émotion provoquée par un changement influence-t-elle alors la façon dont l'animal analyse la situation à laquelle il fait face ? C'est de cette question que sont nés les travaux entrepris sur les animaux inspirés du principe du verre à moitié vide ou à moitié plein évoqué plus haut. « *On montre que lorsqu'il y a une accumulation d'émotions négatives à la suite d'une exposition à des événements désagréables, l'animal n'évalue plus son monde comme peut le faire un autre individu non soumis à ces expériences émotionnelles. Ce biais systématique dans son jugement entretient par inertie un état d'humeur négatif qui persiste malgré une amélioration éventuelle de son environnement* », explique Alain Boissy.

Les observations s'accumulent, qui donnent à penser que la mort d'un individu provoque de vraies manifestations de stress chez ceux dont il était proche socialement.

Un état psychique qu'on peut alors qualifier de véritable souffrance animale, qui va bien au-delà de la simple douleur physique, et que les autres animaux du groupe sont d'ailleurs capables de percevoir. Les bovins, qui ont un bulbe olfactif très développé, ont la capacité de percevoir des substances odorantes déclenchées par le stress d'un individu, ce qui entraîne des réactions d'alerte dans le troupeau. Une vache pourra ainsi hésiter à entrer dans un enclos où l'une de ses congénères a souffert auparavant.

La question du deuil

Quelle est l'intensité ou la profondeur de ces sentiments ? La question reste ouverte, mais depuis les années 2010, les chercheurs n'hésitent plus à l'aborder frontalement en s'interrogeant sur la question du deuil et sur les réactions des animaux face à la mort d'un proche. Une orque qui porte à la surface de l'eau son petit mort-né pendant dix-sept jours, une femelle chimpanzé qui semble vouloir ranimer le petit qu'elle vient de perdre… Les récits ne manquent pas, mais ont longtemps relevé de l'anecdote. Désormais, l'attitude de l'animal face à la mort est étudiée au sein de la thanatologie comparée. Élise Huchard, qui la documente dans le cadre de son projet de recherche sur les babouins, explique qu'il y a « *une composante émotionnelle – on parle de deuil chez les humains –, mais aussi une composante cognitive, qu'étudie ma collègue Alecia Carter, en déployant des expériences simples sur le terrain, à savoir le concept de mort qu'ont les animaux. Celui-ci est complexe et implique, entre autres traits, que la mort ait une cause, qu'elle soit irréversible ou encore universelle, en un mot la conscience de la mort* ».

Comme dans le cas de la jalousie, les deux chercheuses observent les comportements des babouins lorsque la mort d'un individu survient au sein du groupe. Elles constatent par exemple que si un petit encore accroché en continu au pelage de sa mère meurt, celle-ci le porte parfois avec un bras, parfois avec la bouche, pendant plusieurs jours, ce qui lui demande un réel effort et complique ses gestes habituels et les longs déplacements qu'elle doit faire pour se nourrir. La mère, parfois aussi le père, continue à protéger le petit cadavre des autres adultes et à le toiletter. De telles observations, encore parcellaires, s'accumulent pour différentes espèces et donnent à penser que la mort d'un individu provoque de vraies manifestations de stress chez ceux dont il était proche socialement. L'étude, effectuée sur le terrain, sera forcément de longue haleine, mais ses résultats pourraient dévoiler un peu plus, encore, toute la richesse de la vie psychique de l'animal. ⌝

[1] Unité CNRS/Comue Université Bourgogne Franche Comté.

[2] Unité CNRS/École pratique des hautes études – PSL/Institut de recherche pour le développement/Université de Montpellier.

Pour soigner leurs maux, les animaux savent trouver dans la nature les plantes et substances qui soulagent. C'est le cas des chimpanzés, mais aussi des éléphants, avec une surprise : certaines des plantes qu'ils utilisent font aussi partie de la pharmacopée humaine.

THÉRAPIES **animales**

Par Brigitte Perucca

Ce chimpanzé mâle mange un fruit de *Myrianthus arboreus*, connu pour ses propriétés purgatives.
© Jean-Michel Krief

Comme chaque soir, Kitaka choisit avec soin l'arbre dans lequel elle installera son « nid ». Cette femelle chimpanzé tresse les branchages qui formeront le matelas de feuilles qu'elle occupera durant la nuit. Son choix ne doit rien au hasard : 80 % des arbres sélectionnés par les chimpanzés pour fabriquer leur nid appartiennent à une dizaine d'espèces seulement. Kitaka « sait » exactement ce qu'il lui faut pour à la fois assurer son confort et se prémunir des piqûres de moustiques, possibles vecteurs de maladie. Cette découverte, parmi les plus récentes de la primatologue Sabrina Krief et de son équipe du laboratoire Éco-anthropologie[1], est le fruit d'une étude approfondie des propriétés chimiques et biologiques des composés aromatiques des nids menée auprès des chimpanzés du parc national de Kibale, à la frontière entre l'Ouganda et la République démocratique du Congo.

Si nos connaissances en matière d'automédication des chimpanzés sauvages se sont étendues ces dernières années, nous le devons en grande partie à

Sabrina Kief et aux travaux qu'elle mène depuis plus de vingt ans. Pour savoir comment ces primates se soignent, la vétérinaire de formation a pu recenser l'ensemble des plantes consommées par les chimpanzés, que ce soit pour leurs fruits, leurs feuilles ou leur écorce, en faisant le tri entre celles qui appartiennent à leur régime alimentaire et celles qui les soignent – soit plus de 300 parties de plantes au total. Un travail de longue haleine, tant les primates sont difficiles à observer à l'état sauvage, mené sur un territoire de plus de 25 kilomètres carrés. « *Nous ne nourrissons plus les chimpanzés comme le faisait en son temps Jane Goodall,* explique Sabrina Krief. *L'habituation à la présence humaine passe par la confiance, à 8 ou 10 mètres d'approche, jamais moins pour ne pas leur transmettre de maladies.* »

Associations de plantes chez les chimpanzés

Sans surprise, il a donc fallu des mois à Sabrina Krief pour comprendre le comportement de Kilimi. Cette jeune femelle de 7 ans a apporté à la chercheuse une des premières démonstrations des capacités d'automédication pratiquée par ces animaux. Quand Kilimi souffre de troubles digestifs, confirmés par la présence de parasites dans ses selles, elle mâche un morceau d'écorce et de résine d'*Albiza grandibractéata*, une plante qui contient des molécules anticancéreuses comme le révéleront les analyses réalisées en laboratoire.

Douleurs intestinales, toux et nez qui coule, pour chacun de ces maux, les chimpanzés piochent dans une pharmacopée que certaines femelles et mâles adultes semblent connaître mieux que l'ensemble des congénères de leur communauté, même si la chercheuse se refuse à parler d'individus « médecins ». Ainsi, à partir des feuilles d'*Aframomum*, au goût de citron et de gingembre, ils fabriquent des boulettes qu'ils imbibent d'eau et sucent avec application. Cette composition agit probablement comme vermifuge, même si on ne peut pas confirmer que ce n'est pas simplement l'arôme agréable qui les motive. Et en cas de difficultés respiratoires, les chimpanzés prélèvent les écorces des eucalyptus que les populations locales ont plantés.

Le chimpanzé non seulement connaît les substances susceptibles de le guérir ou de prévenir une maladie, mais sait aussi les associer pour décupler leurs vertus thérapeutiques. La preuve par Makotou : blessé à la cheville, il boite. C'est *Trichilia rubescens* qu'il choisit pour soulager sa douleur. Après ce traitement à base de feuilles très amères, Makotou engloutit une poignée de terre rouge dont la chercheuse a montré qu'elle augmente les propriétés antipaludéennes des feuilles de *Trichilia*. Par cette association, le chimpanzé fait en quelque sorte coup double. Plus étonnant encore : *Trichilia rubescens* est un arbuste bien connu des populations humaines locales, qui l'emploient pour ses vertus analgésiques, comme 15 % des remèdes utilisés par les chimpanzés.

◤ Sabrina Krief travaille depuis plus de vingt ans dans le parc national de Kibale, en Ouganda.
© Jean-Michel Krief

◥ Les éléphants du Laos trouvent dans la forêt les plantes qui les soignent.
© Gerry Ellis / Minden Pictures / Naturepl.fr / EB Photo

Cette convergence entre les traitements que se procurent les animaux dans la nature et ceux auxquels ont recours les humains ne fait plus de doute chez les éléphants d'Asie, où elle vient d'être clairement démontrée. Pour son travail de thèse, l'ethnobiologiste Jean-Marc Dubost, qui travaille également au laboratoire Éco-anthropologie, a ainsi étudié les usages communs de plantes médicinales entre les cornacs et leurs éléphants au Laos.

Un remède de pachyderme

Autrefois employés aux travaux de transport de marchandises et pour le débardage du bois en forêt, les éléphants domestiques se trouvent désormais en majorité dans des centres touristiques. Enclavé et bordé de forêts, le district de Thongmyxay, situé dans le nord du pays, fait encore exception avec des éléphants présents près des villages. Relâchés pendant la saison des pluies, ils rejoignent alors les éléphants sauvages, ce qui les rend particulièrement intéressants à observer. C'est

Sur les 20 plantes consommées par les éléphants de Thongmyxay, au Laos, 13 le sont aussi par les cornacs pour les mêmes maux.

cette zone que Jean-Marc Dubost a choisie pour terrain.
Le chercheur a commencé par réaliser un inventaire précis de toutes les plantes consommées par les éléphants, notamment celles utilisées pour se soigner. Il a pour cela interviewé une douzaine de cornacs de Thongmyxay. Qui mieux qu'eux pour le renseigner ? La cohabitation entre un cornac et « son » éléphant peut en effet s'étaler sur une quarantaine d'années et le cornac n'ignore à peu près rien du régime alimentaire du pachyderme ni de ses pratiques d'automédication.

Éléphants et cornacs, mêmes usages

Résultat de son enquête : sur les 110 plantes consommées par ces éléphants, 20 le sont pour des raisons thérapeutiques. « *Si un éléphant est souffrant, la meilleure disposition à prendre selon les cornacs est de le relâcher en forêt et de l'y laisser tranquille le temps qu'il se remette lui-même* », explique Jean-Marc Dubost, qui précise que les cornacs peuvent également aller ramasser eux-mêmes en forêt les plantes dont leur animal a besoin pour guérir.
Le scientifique a ensuite croisé les végétaux utilisés par les éléphants avec ceux que les cornacs emploient lorsqu'ils sont souffrants. Résultat : sur les 20 plantes utilisées par les éléphants, 13 le sont aussi par les cornacs pour traiter les mêmes problèmes. La racine *Harrisonia perforata* est sans doute l'exemple le plus clair de cette pharmacopée commune : consommée en cas de diarrhée par l'animal, elle l'est également par 7 des 13 cornacs interviewés par le chercheur. Plus étonnant encore : plusieurs cornacs indiquent ramasser les plantes dont ils savent qu'elles soignent pour avoir vu les éléphants s'en procurer et certains ajoutent parfois des éléments issus de la pharmacopée humaine dans des préparations destinées aux éléphants.
Si la question d'un usage commun aux éléphants et aux humains des ressources d'un environnement qu'ils partagent ne fait pas de doute, reste à savoir si ces pratiques convergentes sont le résultat d'acquisitions indépendantes, ou bien si les humains se sont inspirés de la pharmacopée animale pour se soigner. Jean-Marc Dubost privilégie pour sa part la seconde hypothèse : « *Plusieurs des plantes faisant partie de la pharmacopée commune aux éléphants et aux cornacs sont inconnues des guérisseurs locaux que j'ai interrogés, ce qui laisse à penser que les cornacs en ont découvert l'usage en observant les éléphants.* » ⌝

[1] Unité CNRS/Muséum national d'histoire naturelle.

Les animaux doivent-ils avoir de NOUVEAUX DROITS ?

Par Fabien Trécourt et Laure Cailloce – **Illustration** Nadège Dauvergne

Alors que la loi évolue pour offrir de nouvelles protections aux animaux, fondées sur une meilleure reconnaissance de leur sensibilité et de leur intelligence, la question de leur attribuer une personnalité juridique continue de faire débat.

◢ Manifestation pour les droits des animaux, à Paris.
© Patrick Allard / RÉA

À mesure que les chercheurs découvrent la richesse de l'existence animale – les animaux peuvent tisser des relations sociales complexes, sont capables d'innovation, éprouvent de la souffrance, font preuve d'empathie… – il est un domaine qui ne peut ignorer ces avancées : le droit. Avec une question, lancinante : jusqu'à quel point l'animal peut-il être un sujet de droit ? En France, les premières protections accordées à l'animal remontent au milieu du XIXe siècle – il s'agissait alors de condamner les mauvais traitements infligés en public aux animaux, chevaux notamment, une disposition qui visait autant à prévenir les comportements violents et à protéger la morale publique que l'animal lui-même. Mais les animaux domestiques ou captifs ne sont formellement reconnus par le droit comme des êtres vivants doués de sensibilité que depuis une petite cinquantaine d'années seulement.

Ni personne ni bien

La loi fondatrice de 1976 sur la protection de la nature dispose ainsi à travers son fameux article L. 214-1 que *« l'animal est un être sensible et doit être placé par son propriétaire dans des conditions compatibles avec les impératifs biologiques de son espèce »*. Cette évolution du Code rural a été complétée par de nombreux ajouts issus de la réglementation européenne, qui précisent les conditions d'abattage, de transport ou encore d'élevage des animaux : depuis 1994, il n'est par exemple plus possible d'élever les veaux de boucherie dans la pénombre et muselés, comme cela se pratiquait pour garantir une viande plus blanche.
Depuis 2015, c'est le Code civil lui-même, le « père de tous les codes » né à l'époque napoléonienne, qui, dans son article 515-14, reconnaît les animaux comme des êtres sensibles. *« C'est une avancée, dans la mesure où le Code civil ne faisait jusque-là aucune mention de l'animal en tant que tel,* précise Léa Mourey, avocate et enseignante en droit animal à l'université

JE SUIS VIVANTE
ET SENSIBLE
JE SUIS VIVANT
ET SENSIBLE
FUDA
TOUS VIVANTS, TOUS SENSIBLES!
mouvement
FUDA
(R)EVOLUTION
DES "OBJETS"
mouvementfuda.com
TOUS SENSIBLES

◢ Plusieurs textes juridiques précisent les conditions d'élevage, de transport et d'abattage des animaux.
© Frédéric Decante / Biosphoto

◢ En Argentine, le chimpanzé Cecilia, maltraitée dans un zoo, a été libérée par la justice et a pu rejoindre un sanctuaire pour animaux.
© Nelson Almeida / AFP

de Strasbourg. *Il ne distingue en effet que deux catégories, les personnes et les biens, c'est-à-dire les choses appropriées.* » Pour autant, le texte précise presque aussitôt que *« sous réserve des lois qui les protègent, les animaux sont soumis au régime des biens ». « C'est toute l'ambiguïté du Code civil, qui ne qualifie plus l'animal de "bien" mais d'"être vivant", tout en continuant à l'affilier au régime des biens »,* relève Léa Mourey.
« On se retrouve face à une fiction juridique difficile à interpréter, cette phrase paraissant dire une chose puis son contraire », regrette la juriste Muriel Falaise, maîtresse de conférences en droit privé à l'université Jean Moulin de Lyon. Certains professionnels du droit dénoncent en ce sens un simple toilettage sans réelles conséquences dans l'enceinte des tribunaux. *« On a beaucoup parlé de réforme symbolique,* poursuit Léa Mourey. *Mais l'article 515-14 est encore récent et il n'est pas impossible que des juges s'en saisissent dans le futur et en fassent une interprétation plus audacieuse qui fera évoluer la jurisprudence.* »

Les petits pas de la jurisprudence

Bien qu'encore peu nombreuses, des décisions commencent d'ailleurs à être prises par la justice, qui rappellent que l'animal est un être vivant sensible. En 2018, lors d'une affaire opposant deux personnes qui revendiquaient la propriété d'un chien, la cour d'appel de Poitiers a ainsi considéré qu'il fallait prendre en compte les garanties apportées par chacune quant aux conditions de vie de l'animal et s'appuyait pour cela sur le fameux article L. 214-1 du Code rural. De même, à la suite d'une affaire jugée en 2015, il n'est plus possible pour un élevage d'animaux de compagnie de proposer à un acheteur le remplacement d'un animal qui aurait déclaré de graves problèmes de santé, comme s'il s'agissait d'un produit de consommation. Désormais, le Code de la consommation n'autorise plus que le dédommagement financier de l'acquéreur lésé, au motif que l'animal n'est pas un bien de consommation comme un autre et que des liens se sont tissés entre le propriétaire et son animal.
Si la protection juridique de l'animal continue de se renforcer petit à petit dans l'Hexagone – c'est le cas de la dernière loi sur la lutte contre la maltraitance animale de novembre 2021, qui renforce notamment les sanctions contre la maltraitance des animaux domestiques et assimilés et organise la disparition progressive des animaux sauvages dans les cirques et les spectacles animaliers –, un grand nombre d'incohérences et d'angles morts subsistent.
La notion de « propriété » évoquée par l'article L. 214-1 exclut de facto les animaux sauvages libres, qui ne relèvent d'aucune protection particulière : en 2023, arracher les ailes d'une mouche est un jeu d'enfant, sadique mais légal, et aucune loi n'interdit formellement d'infliger des souffrances à un renard ou à une corneille. *« À une nuance près,* corrige Muriel Falaise. *Car à partir du moment où vous attrapez une bête sauvage, un juge peut considérer que vous en devenez propriétaire ; dès lors, il peut lui faire bénéficier des*

mêmes règles que celles applicables aux animaux captifs ou domestiques. » Pour autant, rien ne l'y oblige et les sanctions restent rares. À l'inverse, un animal d'élevage qui se retrouve lâché en pleine nature perd toutes ses protections. *« Un faisan vivant en enclos est considéré comme doué de sensibilité, mais il perd cette qualité dès qu'il est libéré et passe de l'autre côté de la barrière »,* donne en exemple Muriel Falaise.

S'inspirer du statut des personnes faibles

Si l'on veut mieux protéger l'animal, reconnaître un statut de protection à l'animal sauvage en liberté est un préalable indispensable pour Léa Mourey. Mais comment faire pour dépasser la distinction entre « personnes » et « biens », qui semble aujourd'hui entraver tout nouveau progrès du droit animal ? Ni personne, ni bien, l'animal se retrouve en effet dans un entre-deux qui l'empêche d'être considéré comme un sujet de droit à part entière. Le vocabulaire du droit est souvent une source d'incompréhension dans le débat public, rappelle Sonia Desmoulin, chercheuse au laboratoire Droit et changement social[1]. Dans le langage courant, les mots « personne » ou « personnalité » semblent tracer un signe d'égalité entre les humains et les autres animaux. À l'inverse, dire que ces derniers sont des « biens » donne l'impression de les assimiler à des objets inertes . Mais en réalité, les concepts juridiques n'ont pas le même sens. « *En schématisant, les "personnes" désignent les acteurs du système juridique, autrement dit toutes entités susceptibles de se disputer entre elles à propos de quelque chose. Les choses ou les "biens" sont, elles, ce qui peut faire l'objet d'une telle dispute. Cela concerne notamment tout ce dont on peut avoir la propriété.* »
En droit, une « personne » n'est donc pas forcément un humain, ni même un être doué de sensibilité. « *Des entreprises ou des associations bénéficient par exemple du statut de "personne morale"* », rappelle la chercheuse. Rien n'empêcherait donc en théorie de reconnaître une personnalité juridique à l'animal. C'est précisément cet argument que font valoir les juristes à l'origine de la Déclaration de Toulon de

Des entreprises ou des associations bénéficient du statut de personne morale. Rien n'empêcherait donc en théorie de reconnaître une personnalité juridique à l'animal.

mars 2019, proclamée à l'issue d'un colloque consacré au droit animal. Cette déclaration, qui se veut à vocation nationale et internationale, vise la mise en place, au niveau légal, d'une nouvelle catégorie de personnes, celle des « *personnes physiques non humaines* » qui obtiendront des droits différents de ceux des personnes physiques humaines.
« *Certains objectent que les droits sont toujours assortis de devoirs, et que c'est ce qui empêche d'attribuer une personnalité juridique aux animaux,* explique Léa Mourey. *Mais les humains les plus faibles, certains adultes sous tutelle, ou encore les très jeunes enfants, se voient reconnaître les mêmes droits que l'ensemble des êtres humains sans être en mesure d'observer des devoirs en retour, comme le rappelait dès les années 1970 le philosophe australien Peter Singer. On pourrait donc s'inspirer de leur statut particulier.* » D'autant que l'idée de « personnalité juridique animale » vise d'abord à octroyer des droits fondamentaux, comme le rappelle Sonia Desmoulin : ne pas souffrir inutilement, voir ses besoins vitaux respectés, avoir la possibilité d'être représenté en justice… « *Des textes et des décisions de justice existent en ce sens dans d'autres pays, comme l'Équateur, la Colombie, l'Inde ou la Nouvelle-Zélande par exemple* », indique la chercheuse.

En Amérique du Sud, l'*Habeas corpus* invoqué
En novembre 2016, le tribunal de Mendoza, en Argentine, a reconnu une femelle chimpanzé comme personnalité juridique physique pouvant bénéficier de l'*Habeas corpus* qui garantit que nul ne peut être emprisonné sans jugement – une première mondiale. La juge en charge de l'affaire a donc ordonné la libération du chimpanzé Cécilia, dont les conditions de détention dans une cage du zoo de Mendoza ont été considérées comme déplorables ; libérée, cette dernière a rejoint un sanctuaire pour grands primates. Lors de cette affaire, la magistrate s'est interrogée : « *Si des entités juridiques fictives, comme des entreprises, sont des sujets de droit, pour quelle raison ceux qui sont en vie et qui sont des êtres sensibles ne devraient pas l'être ?* » et en a appelé au législateur pour faire évoluer la loi.
En juillet 2017, c'était au tour de la Cour suprême de justice de Colombie de statuer sur la libération d'un ours à lunettes détenu dans un zoo de Bogota et de lui accorder le droit à la liberté, en l'occurrence celui de revenir vivre dans les montagnes de la réserve où il avait passé les dix-huit premières années de sa vie. « *Ce type de décisions reste difficile à mettre en place au niveau des cultures juridiques occidentales,* remarque Sonia Desmoulin, *car cela suppose de trouver de nouveaux équilibres (entre droits fondamentaux et personnalité juridique) et de créer des hiérarchies entre les différents types de sujets de droit. C'est un très gros chantier, mais qui n'est en rien impossible.* » Reste à savoir qui, du législateur ou du juge judiciaire, osera s'en emparer le premier.

[1] Unité CNRS/Nantes Université.

PORTFOLIO

Les femmes récupèrent-elles mieux ?

De plus en plus de femmes surclassent les hommes lors des très longues courses d'ultra-trail. Bénéficient-elles de meilleures endurance et récupération musculaire ? Faut-il leur proposer des entraînements différents pour atteindre leur plein potentiel ? Pour le savoir, Caroline Nicol et ses collègues de l'Institut des sciences du mouvement[1] ont suivi de près sportives et sportifs, pendant la course Marseille-Cassis.

[1] Unité CNRS/Aix-Marseille Université.

Pour enregistrer l'activité des muscles associée à la récupération fonctionnelle, des électrodes ont été posées sur certains participants qui ont accepté de réaliser différents exercices. Il s'agit essentiellement de sauts, effectués avant la course, le surlendemain (au moment du pic des courbatures) et quelques jours plus tard. Les volontaires réalisent par exemple des drop jumps : debout, ils se laissent tomber sur les pieds du haut d'un petit promontoire, puis rebondissent aussi vite et haut que possible. Résultat : des déficits fonctionnels persistent quatre jours après la course chez les hommes alors que les femmes ont récupéré dès le deuxième jour.

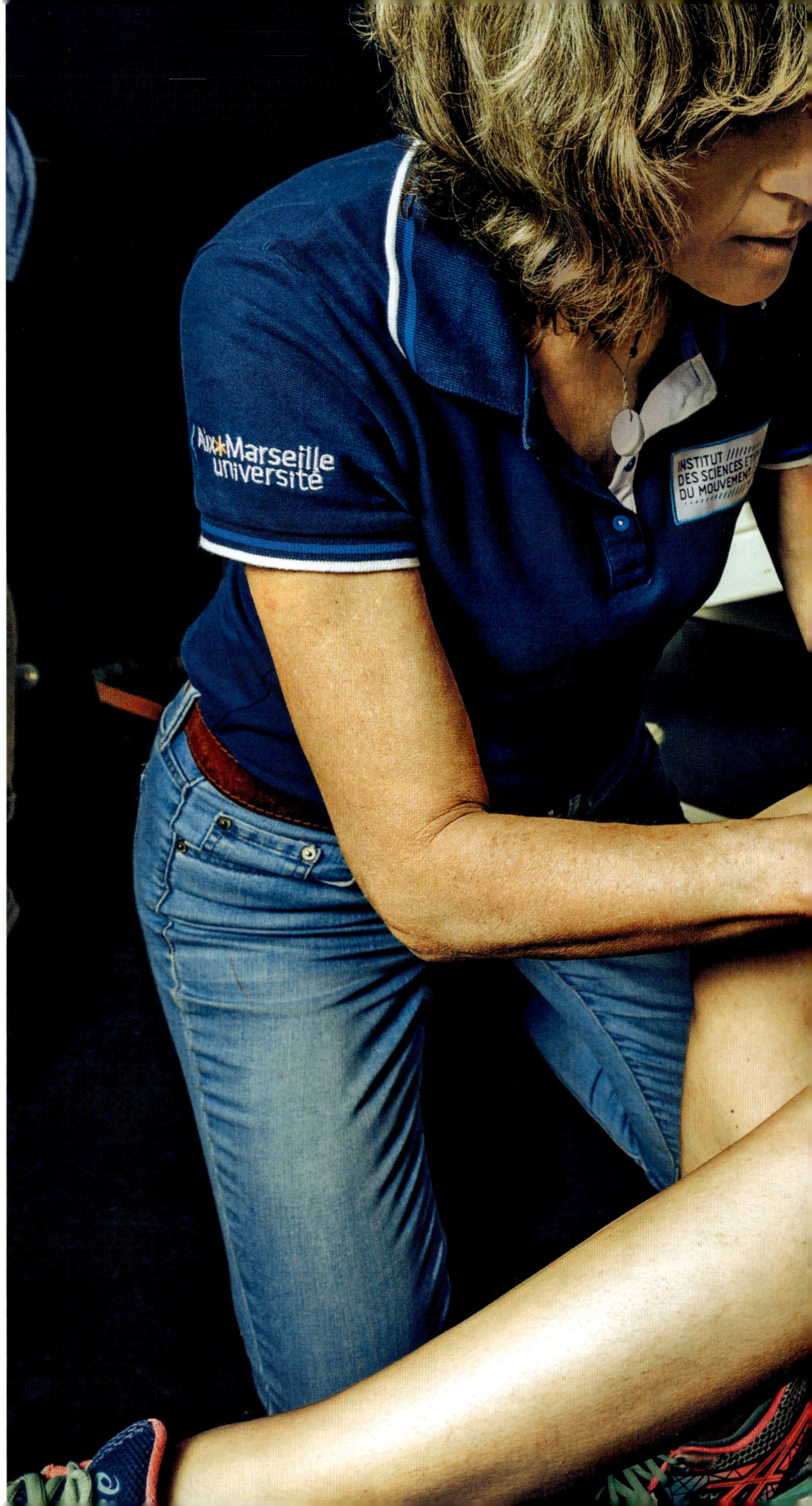

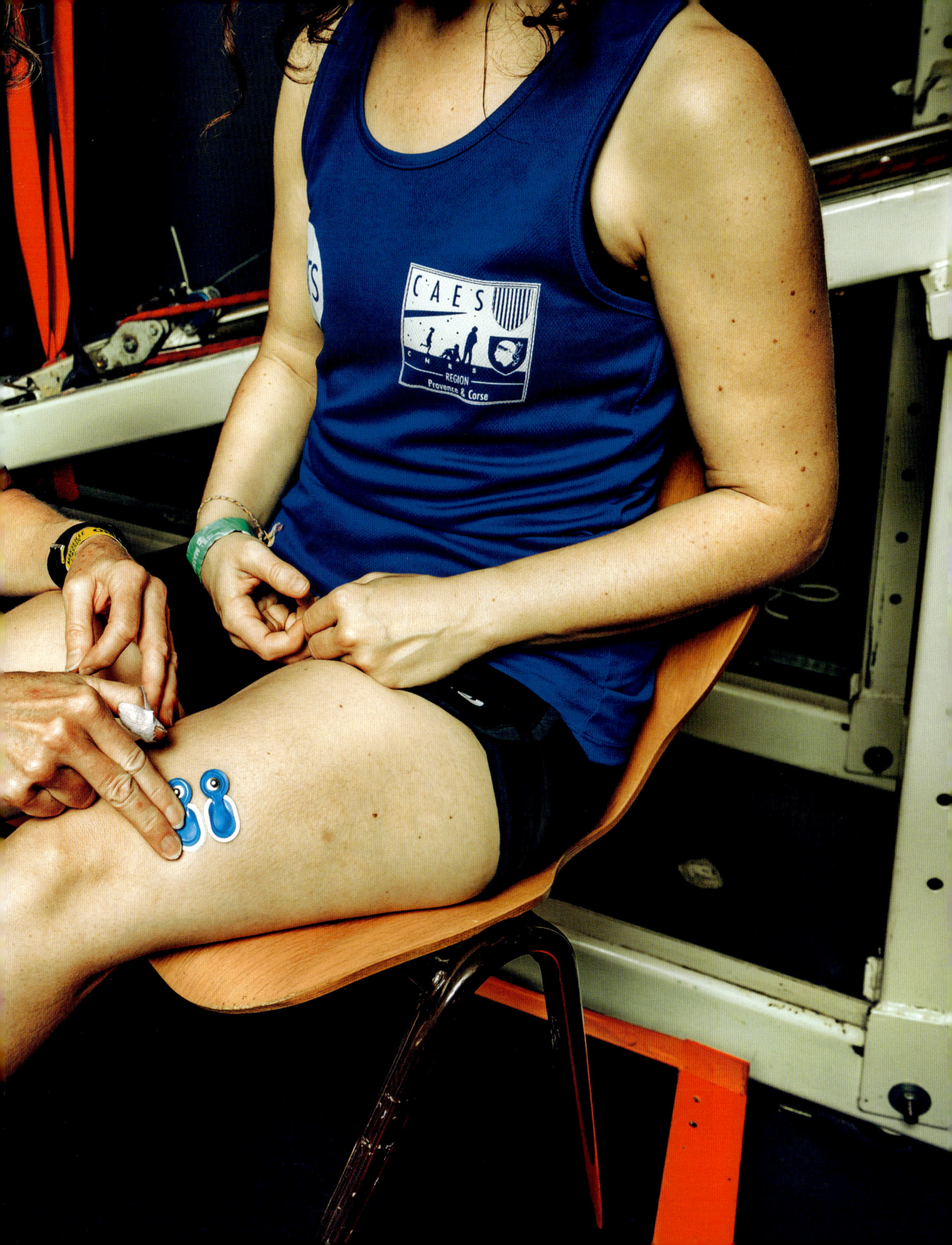
CAES
CNRS
REGION
Provence & Corse

Mais la course Marseille-Cassis présente une particularité : la seconde partie se fait en descente. Ce dénivelé est susceptible de solliciter davantage les ischios-jambiers – muscles situés sur l'arrière des cuisses et réputés plus faibles chez les femmes – qu'une course à plat ou que les drop jumps précédents qui eux sollicitent surtout les triceps suraux situés dans les mollets.

© Guillaume Ruoppolo/MC22

Un autre type de sauts que les drop jumps est proposé à cette participante installée sur un siège lesté de 15 kilogrammes et qui glisse le long d'un plan incliné. Lâchée d'une hauteur donnée, elle doit lutter contre l'écrasement à l'impact, un peu comme lors d'une course en descente, et rebondir aussi vite et haut que possible. Deuxième résultat : seul ce test, impliquant fortement les ischio-jambiers, montre une récupération fonctionnelle incomplète des femmes au 4e jour, à l'instar des hommes.

Pour suivre aussi la récupération structurale (régénérescence de la structure musculaire au niveau des fibres), les volontaires se rendent au Centre de résonance magnétique biologique et médicale pour passer une IRM (imagerie par résonance magnétique) les jours où ils ont réalisé les tests de sauts. Les microlésions musculaires, ou plutôt les marqueurs d'inflammation et de gonflement musculaires, sont ainsi localisés et leur évolution suivie au fil de la récupération. Les premières analyses ne montrent pas de différence entre femmes et hommes, sauf au niveau des fameux muscles ischio-jambiers pour lesquels les femmes présentent davantage d'inflammation.

© Cyril Frésillon/ISM/CNRS Photothèque

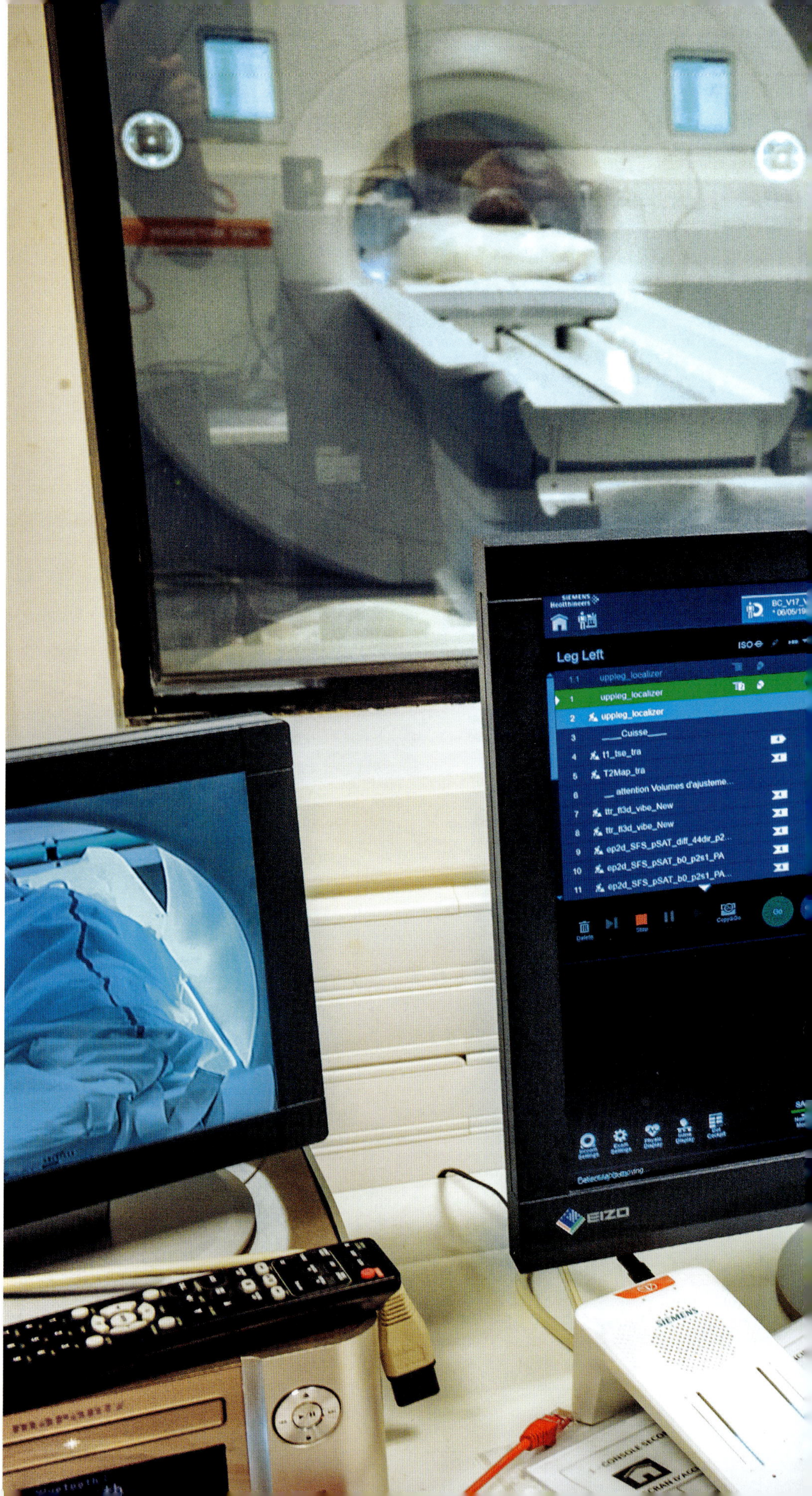

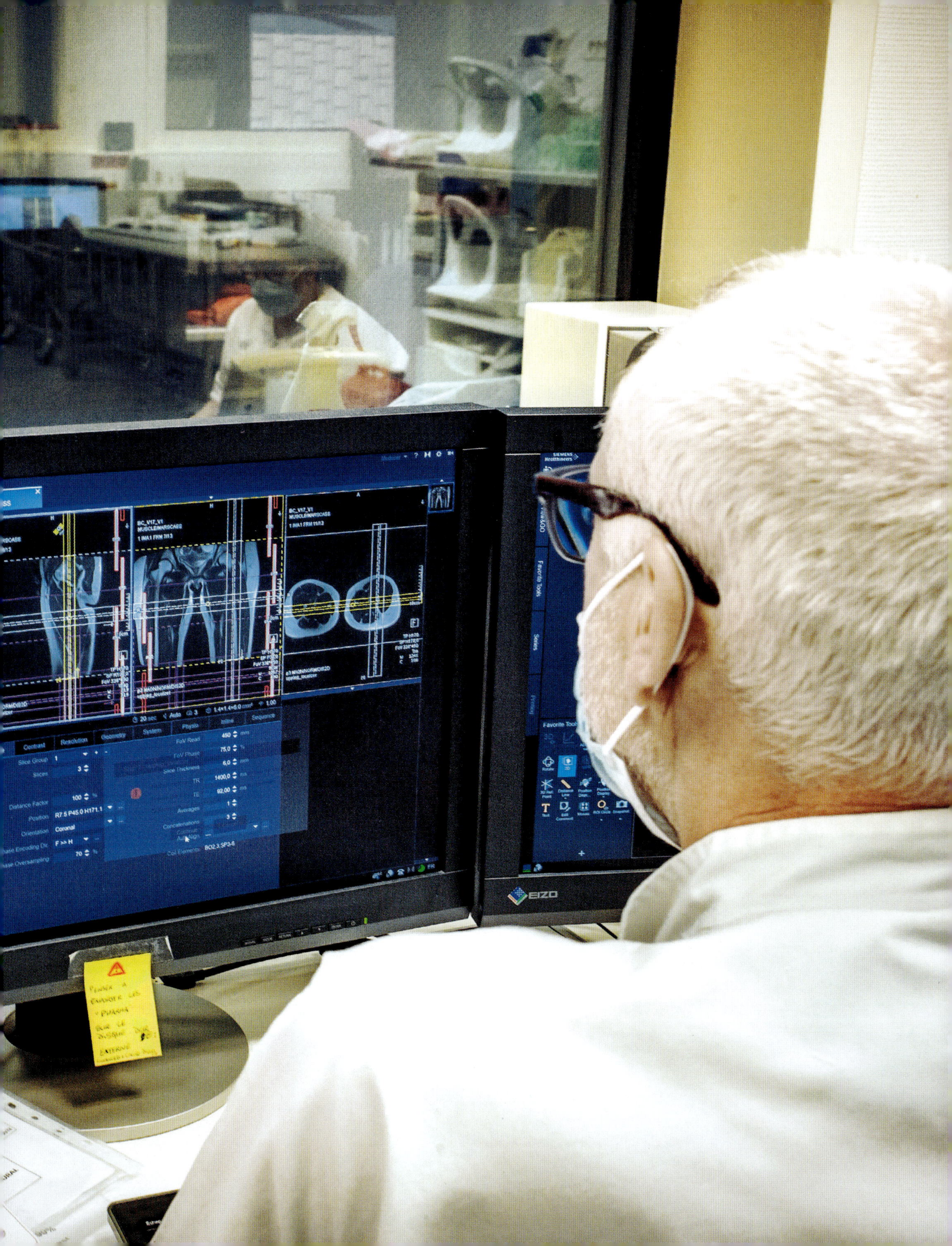
EIZO

© Cyril Frésillon/ISM/CNRS Photothèque

Au final, les femmes récupèrent plus tôt au niveau fonctionnel (délai pour retrouver ses capacités à renouveler un effort), sauf dans les tests qui impliquent les ischio-jambiers. Si ces résultats se confirment, les sportives bénéficieront peut-être à l'avenir d'entraînements spécifiques, en montée et en descente, pour renforcer ces muscles particuliers. Et peut-être battre d'autres records…

Textes : Charline Zeitoun et Cyril Frésillon

Elle sculpte des formes 3D et crée des mondes virtuels animés. Les systèmes intelligents de création visuelle qu'elle développe servent aussi bien pour la recherche que pour la création de jeux vidéo, de films d'animation ou d'effets spéciaux. Gros plan sur Marie-Paule Cani, spécialiste d'informatique graphique.

« J'essaie de rendre l'humain plus créatif »

Propos recueillis par Sebastián Escalón

Sur votre page personnelle, il est dit que l'objectif de vos recherches est de créer une intelligence artificielle créative. De quoi s'agit-il ?
Marie-Paule Cani[1]. Il s'agit de rendre les humains plus créatifs grâce à des modèles intelligents. Je voudrais que l'utilisateur puisse créer ce qu'il a en tête avec l'aide de systèmes qui prennent en charge les tâches répétitives et ennuyeuses. Il ne s'agit pas du tout d'une intelligence artificielle (IA) qui crée à notre place. Je lutte contre ça depuis le début. Maintenant, quand les gens pensent à une IA créative, ils imaginent quelque chose comme Dall-E ou ChatGPT *(lire article, p. 26)*, des systèmes qui peuvent créer quelque chose à partir d'une phrase. Avec ces applications, au lieu de prendre la peine de réfléchir à ce que l'on veut vraiment, on fait une espèce de copier-coller à partir de ce qui existe déjà. Ce n'est pas du tout le sens de mes recherches. Mon but est d'imaginer des systèmes intelligents qui aident l'utilisateur, un peu comme un assistant qui aide un chirurgien

◣ Marie-Paule Cani sur le campus de l'École polytechnique, en mars 2023.

en lui tendant exactement le bon outil au bon moment. Les tâches de création sont parmi les plus intéressantes sur Terre, alors pourquoi les laisser à une machine ? Déléguons-lui plutôt les tâches fastidieuses, celles que nous n'aimons pas faire.

Comment aidez-vous les créateurs à se concentrer sur les tâches de création ?
M.-P. C. En leur donnant des instruments pour travailler tout en restant dans le flot de la création. Au lieu d'ouvrir un menu, puis un sous-menu pour éditer tel ou tel paramètre, je veux que l'utilisateur puisse créer par gestes. Un exemple que je donne souvent : imaginons qu'on est en train de créer une table avec des assiettes, des couverts, des verres. Maintenant, je veux que la table soit plus longue. Je veux, d'un seul geste, pouvoir la rallonger. Le système intelligent doit se rendre compte qu'il y a des détails répétitifs, comme les assiettes et les couverts, qu'il faut dupliquer et non pas étirer. Ensuite, je peux aller modifier localement, affiner des détails, sans que tout le reste soit modifié. L'idée est d'interpréter les gestes de création des utilisateurs. Ils n'ont ainsi pas à se confronter à la complexité des modèles informatiques.

Les créateurs de jeux vidéo et de films d'animation utilisent les outils que vous développez. Comment identifiez-vous leurs besoins ?
M.-P. C. C'est en regardant travailler les artistes, en les écoutant nous expliquer sur quoi ils passent le plus de temps, ce qui les ennuie le plus, qu'on trouve des méthodes pour leur simplifier la tâche. Par exemple, durant mon année sabbatique en Nouvelle-Zélande, en 2007, j'ai été invitée chez Weta Digital[2], studio d'effets spéciaux fondé par le réalisateur Peter Jackson. Ils m'ont alors parlé du film *King Kong* qu'ils venaient de terminer. Il y avait là un artiste infographiste qui plantait à la main les

« Les tâches de création sont parmi les plus intéressantes sur Terre, alors pourquoi les laisser à une machine ? »

touffes de poils virtuelles de King Kong et les peignait pour que la fourrure ait l'air naturelle et un peu emmêlée. C'était une tâche très répétitive qui lui prenait des jours et des jours. Ce serait plus simple que l'utilisateur puisse créer un petit exemple de fourrure ébouriffée puis, d'un seul geste, qu'il puisse l'étendre sur toute la surface du modèle virtuel. Au labo nous avons créé ce genre de système de copier-coller intelligent. Notre outil Worldbrush permet ainsi de prendre un échantillon de paysage virtuel, puis de le répliquer, non pas à l'identique, mais avec les mêmes caractéristiques statistiques. Par ailleurs, un ancien étudiant de mon équipe qui a travaillé chez Weta nous a dit que notre système de modélisation par croquis de chevelures a été utilisé pour le premier film *Avatar*.

Sur quels autres éléments graphiques pouvez-vous aider les créateurs d'effets spéciaux ?
M.-P. C. À Weta, ils nous avaient dit également que leurs artistes n'arrivaient pas à bien

faire le design des montagnes. Ils voulaient des montagnes réalistes dont on puisse dessiner les silhouettes facilement, à l'arrière-plan derrière les acteurs. Cela a conduit à l'un de nos articles de recherche où l'on développait une méthode pour prendre un paysage existant et le déformer depuis le point de vue de la caméra de manière réaliste. De cette façon, on obtenait la prise de vue souhaitée.

N'avez-vous jamais eu envie de participer plus directement à la création d'un film ?

M.-P. C. Je n'ai pas le temps ! Ceux qui participent à ces créations passent un an de leur vie à faire une chose particulière. Moi, en général, j'ai entre cinq et dix projets en cours avec différents étudiants et collaborateurs scientifiques, en France ou à l'étranger. On explore différentes pistes en parallèle. Cette liberté, je l'ai parce que je ne fais pas partie d'une entreprise ou d'une start-up.

◤ L'outil Worldbrush et ses extensions plus récentes permettent de prendre un échantillon de paysage virtuel, puis de le répliquer, non pas à l'identique, mais avec les mêmes caractéristiques statistiques.
© A. Emilien, J. Gain, G. Cordonnier, P. Ecormier-Nocca, P. Memari, M.-P. Cani

« Prendre un paysage existant et le déformer depuis le point de vue de la caméra de manière réaliste. De cette façon, on obtient la prise de vue souhaitée. »

Lorsque vous animez un personnage qui marche sur la neige, une robe qui tourne ou encore une coulée de lave, vous devez ajouter des connaissances physiques aux modèles. Comment procédez-vous ?

M.-P. C. Pour créer un monde virtuel avec des lois réalistes, il faut se fonder sur ces connaissances physiques. En informatique graphique, ça fait trente ans qu'on utilise nos connaissances du monde réel pour concevoir des modèles et des simulations. L'originalité de mon approche est de voir comment des connaissances plus génériques pourraient être utilisées pendant des phases de création. Par exemple, prenons un biologiste qui veut un système pour faire des croquis animés fonctionnant à toutes les échelles, de l'organisme entier jusqu'à la simple cellule. Il y a des règles de répétitivité et des principes simples pour le mouvement et les déformations. Par exemple, la conservation du volume ou de l'aire de surface. Celles-ci permettent d'aller vers un tel outil générique.

Vous développez aussi des outils avec des chercheurs de diverses disciplines. Comment se déroule cette collaboration ?

M.-P. C. D'une part, je cherche à extraire leurs connaissances de très haut niveau sur un phénomène afin de les reproduire dans un monde virtuel. D'autre part, les chercheurs servent d'inspirateurs et de testeurs pour des systèmes de création. Il peut s'agir par exemple d'un système grâce auquel ils peuvent dessiner un croquis expliquant un phénomène et qui se transforme directement en une scène 3D animée. Nous avons ainsi travaillé avec un professeur d'anatomie. L'idée était qu'à partir d'un croquis en deux dimensions d'un organe, il puisse obtenir un modèle en 3D autour duquel on peut tourner, zoomer pour ajouter des détails, ou au contraire dézoomer pour montrer la place d'un organe dans le corps humain.

Qu'est-ce qui vous a amenée dans un domaine de recherche si lié à l'art ? Aviez-vous une vocation artistique ?

M.-P. C. Depuis que je suis petite j'aime dessiner, sculpter, fabriquer. Je créais de petits mondes faits de petits personnages en pâte à modeler avec des squelettes en fil de fer. J'ai retrouvé tout cela dans ma recherche, avec en plus la possibilité de les voir s'animer sous mes yeux ! Mais je n'avais pas de réelle vocation artistique, plutôt une vocation à la création. Et l'informatique en est devenu l'outil. Je conseille souvent aux jeunes de réfléchir à ce qu'ils ont toujours aimé faire et de le mettre dans leur métier.

Parlez-nous de votre parcours ?

M.-P. C. Comme j'étais bonne élève et que j'avais une grande sœur très littéraire, ma mère m'a poussée vers les études scientifiques. Je me suis retrouvée en classe prépa et j'ai eu la chance d'entrer

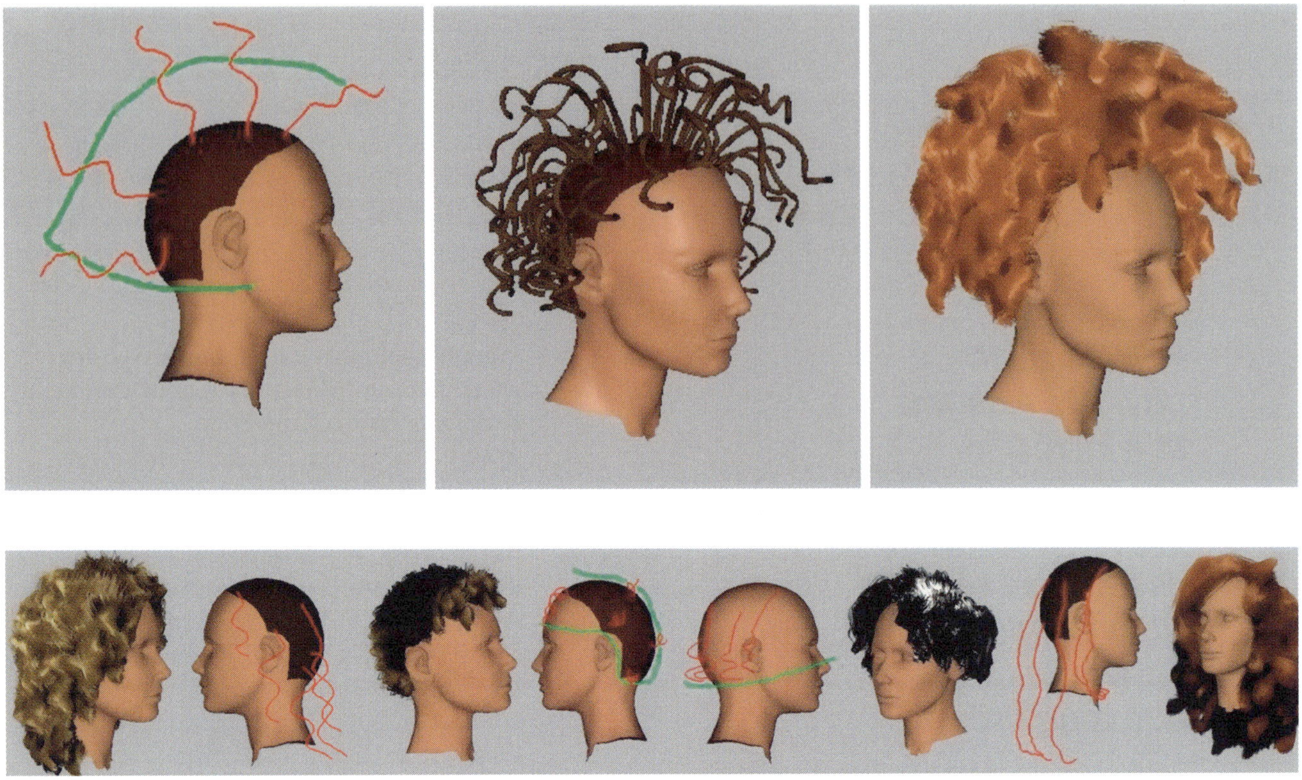

à l'École normale supérieure. J'ai passé l'agrégation de mathématiques, puis j'ai décidé d'aller vers une discipline qui, en 1986-1987, émergeait à peine : l'informatique graphique. La première chose que j'ai voulu faire a été de produire des scènes et des objets naturels dans ces mondes qu'on pouvait créer. À l'époque, les jeux vidéo avaient un caractère presque carcéral : on entrait dans un château, la pièce était généralement vide, alors on passait à la suivante qui était également vide. De plus, on ne savait pas faire des scènes naturelles, pour se promener à l'extérieur.

Tout cela présente un fort aspect ludique. Est-ce quelque chose d'important pour vous ?
M.-P. C. Oui, tout à fait. Petit à petit, je mets dans les algorithmes les éléments qui vont me permettre de créer un monde virtuel que j'imagine. C'est intéressant parce que, en créant cet univers, je suis en train de créer en même temps le média qui me permet de m'exprimer. C'est comme si

◤ Modélisations de chevelures en 3D réalisées à partir de croquis en 2D. Développé par la chercheuse et son équipe en 2007, ce système de modélisation par croquis a été utilisé pour le premier film *Avatar*.

j'étais un peintre et qu'en plus d'un tableau, j'étais en train de créer la meilleure toile, la meilleure peinture et les meilleurs pinceaux.

C'est comme cela que ça se passait à la Renaissance, lorsque les peintres faisaient des expériences pour améliorer leurs pigments.
M.-P. C. Tout à fait ! C'est d'ailleurs de la cocréation comme dans un atelier de peintre. Quand on travaille en équipe, on partage nos méthodes et on réfléchit ensemble, on crée ensemble.

Comment voyez-vous l'évolution de votre domaine. Quels sont les nouveaux risques et défis ?
M.-P. C. Beaucoup de gens commencent à découvrir ces mondes virtuels animés sur lesquels nous travaillons depuis trente ans, au travers du terme Métavers. Mais si le Métavers devient une espèce de terrain commercial limité où tout est payant et coûteux pour la planète à cause de la 5G[3] et de la **blockchain**, je n'en vois pas l'intérêt. Pourquoi consacrer de l'énergie du monde réel pour mettre ça en place ? Moi, je lutte pour des mondes virtuels qui ont un sens. Par exemple, permettre aux préhistoriens de voyager dans le temps et de s'immerger dans le résultat de leurs hypothèses. Si nos recherches peuvent servir à donner du sens au Métavers, là je suis d'accord. Un autre risque est que l'humanité perde une partie de ses capacités créatives. De plus en plus de personnes, en particulier des chercheurs, utilisent en effet l'**apprentissage profond** (ou *deep learning*) pour résoudre quantité de problèmes. On perd donc les modèles fondés sur les connaissances au profit de modèles qui apprennent à partir de millions d'exemples. Et, de cette façon, on perd aussi la capacité d'expliquer les résultats. À l'avenir, j'espère que nous aurons des systèmes intelligents qui combinent les connaissances existantes avec un peu d'apprentissage, de manière à faire quelque chose de vraiment efficace. Et qui aide l'humain à se consacrer uniquement aux tâches les plus intéressantes.

Blockchain
(chaîne de blocs en français). Sorte de livre de compte numérique qui enregistre toutes les actions, par exemple les déplacements de jetons de compte en compte dans le cas des cryptomonnaies.

Apprentissage profond
Classe d'algorithmes d'apprentissage automatique, à partir de données, sans production explicite de règles et utilisant des réseaux de neurones. On les qualifie souvent de « boîte noire » car la raison pour laquelle ils parviennent au résultat est inconnue. Les neurones en question sont des fonctions mathématiques qui, à partir des valeurs numériques reçues en entrée, calculent une valeur numérique de sortie.

[1] Chercheuse au Laboratoire d'informatique de l'École polytechnique (CNRS/École polytechnique) et professeure à l'École polytechnique. Elle a reçu la médaille d'argent du CNRS en 2012 et est membre de l'Académie des sciences.

[2] Weta Digital (aujourd'hui WetaFX) a notamment participé à la création des effets spéciaux des films *Avatar* (2009), *Mulan* (2020), de la série de films *Le Seigneur des anneaux*, ou encore la série télévisée *Game of Thrones* (2011-2019).

[3] Le Haut Conseil pour le climat a estimé en 2020 que la norme de réseau cinquième génération (5G) aurait un impact négatif sur les émissions de gaz à effet de serre, en particulier en raison de la production de nouveaux terminaux (smartphones, tablettes, etc.) et d'équipements de réseau.

Pour des diagnostics plus précis et des traitements individualisés, la France se dote d'un programme de recherche en psychiatrie de précision, financé sur cinq ans. Ses armes : une imagerie de pointe et l'étude de marqueurs biologiques. Ses cibles : les dépressions résistantes, les troubles bipolaires, du spectre autistique et les schizophrénies.

Vers une psychiatrie de précision

Par Philippe Testard-Vaillant
Illustrations : Marie Guillard

Près d'un Français sur cinq a souffert ou souffrira de troubles psychiatriques, en particulier de dépressions. Entre 15 et 20 % de la population de notre pays, soit de 10 à 13,5 millions de personnes, viennent en effet grossir les statistiques sur la santé mentale. Ce qui fait de cette catégorie de pathologies la première cause de handicap en France, mais aussi à l'échelle mondiale. C'est aussi la première cause d'absentéisme au travail, la première cause de décès chez les jeunes adultes, avec 10 000 suicides par an, et la première cause de mort prématurée[1], principalement en raison de comorbidités mal prises en charge. « *Il n'y a pas de santé sans santé mentale*, souligne Marion Leboyer, directrice du laboratoire Neuropsychiatrie translationnelle de l'Institut Mondor de recherche biomédicale. *Il s'agit d'un enjeu de santé publique majeur. Au-delà des dépenses de santé et de soins, en partie supportées par les individus et leurs familles, certains coûts sont indirects, comme la moindre productivité des entreprises du fait d'une participation à l'emploi plus faible. Au total, les coûts liés*

aux troubles mentaux s'élèvent aujourd'hui à 160 milliards d'euros », rappelle la psychiatre, Grand Prix de la recherche Inserm 2021.

Bien sûr, les vagues successives de Covid-19, la crise climatique, la guerre en Ukraine, l'inflation et bien d'autres nuages porteurs de stress n'arrangent rien à la situation, d'autant que l'offre de soins en psychiatrie traverse une crise aiguë.

Dépenses de santé et de soin, moindre productivité des entreprises... au total, les coûts liés aux troubles mentaux s'élèvent à 160 milliards d'euros.

Financer le secteur, une urgence médicale

Nombreux sont les observateurs, à commencer par les magistrats de la Cour des comptes[2], à décrire un secteur sinistré, voire à bout de souffle : perte d'attractivité de la discipline (elle est à la 40e place des spécialités préférées des internes), postes vacants conduisant à la fermeture de lits, épuisement des équipes du secteur hospitalier, diagnostics tardifs, manque d'outils à la disposition des généralistes pour détecter les signaux annonciateurs, inégalités territoriales criantes, parcours de soins éclatés en raison de la faiblesse des liens entre médecine psychiatrique et médecine somatique..., la liste est longue. Quant aux personnes atteintes de troubles psychiatriques et ne recevant aucun soin, impossible de préciser leur nombre, mais leur existence rime forcément avec souffrance, difficulté d'accès aux dispositifs d'insertion sociale, éloignement de l'emploi et stigmatisation.

Le retour sur investissement dans la recherche en psychiatrie est pourtant un des plus élevés de tous les domaines de la santé : il se monte à 37 %, ce qui signifie que 1 euro investi sur ce créneau conduit à 1,37 euro de gain grâce à la diminution du nombre d'hospitalisations, d'arrêts de travail de longue durée, etc. Malgré ce « rendement » record, seuls 4 % du budget de la recherche biomédicale sont alloués à cette spécialité dans l'Hexagone, contre 7 % au Royaume-Uni et 16 % aux États-Unis par exemple. Des spécialistes du cerveau avaient déjà tiré la sonnette d'alarme en 2019 sur ce financement insuffisant (il s'élevait alors à 20 millions d'euros, tandis que la dépense totale dans le secteur de la santé mentale tournait autour de 50 milliards). « *La psychiatrie reste le parent pauvre de la médecine*, constate Marion Leboyer. *La sous-dotation chronique dont elle fait l'objet freine les avancées en matière de compréhension des causes et des mécanismes physiopathologiques des maladies mentales, en matière de diagnostics et en matière de thérapeutiques. Il est grand temps de mieux nous financer.* »

Cibler les pathologies les plus invalidantes

Mais les temps commencent à changer. L'ambitieux Programme de recherche en psychiatrie de précision, Propsy, s'est vu doté en juillet dernier d'un financement de 80 millions d'euros sur cinq ans[3]. Copiloté par l'Institut national de la santé et de la recherche médicale (Inserm) et le CNRS, en partenariat avec la fondation FondaMental, plusieurs universités et centres de recherche[4], il cible quatre

Dépression résistante

Ensemble de symptômes associant perte de l'élan vital, idées de mort ou de suicide récurrentes, sentiment d'angoisse, ralentissement psychomoteur, fatigue, perte d'appétit, troubles du sommeil, de l'attention, de la concentration et de la mémoire.

Troubles bipolaires

Dérèglement de l'humeur oscillant entre épisodes de dépression et phases d'exaltation (épisodes de manie).

Troubles du spectre autistique

Troubles neurodéveloppementaux caractérisés par des comportements répétitifs et des déficits de la communication et des interactions sociales.

Schizophrénie

Ensemble de symptômes altérant les fonctions cognitives (mémoire, perception, appréciation des choix) et troublant le cours de la pensée.

pathologies mentales classées parmi les plus invalidantes parce qu'elles altèrent gravement la vie des patients sur tous les plans (familial, social, professionnel). Il s'agit de la **dépression résistante** (qui affecte chaque année près de 3 millions de personnes), des **troubles bipolaires** (1,6 million), des **troubles du spectre autistique** (700 000) et des **schizophrénies** (600 000). « *Toutes sont des affections sévères, fréquentes, complexes, multifactorielles, débutant le plus souvent chez l'enfant ou le jeune adulte, et leur prévalence ne diminue pas, voire tend à augmenter* », commente Pierre-Michel Llorca, professeur de psychiatrie à l'université Clermont-Auvergne et membre de l'Institut Pascal[5].

Le paysage psychiatrique pourrait-il changer de visage grâce à Propsy ? Les acteurs chargés de la gouvernance du projet l'espèrent. « *Pour les maladies cardiovasculaires et le cancer, les progrès accomplis permettent désormais de définir les traitements de manière plus sélective et individualisée, avec une amélioration notable du pronostic. Il est de la même*

façon urgent de déployer la "médecine de précision en psychiatrie", argumente ainsi Pierre-Michel Llorca. *Actuellement, des groupes de patients très hétérogènes sont rassemblés sous la même appellation, comme "dépression", "schizophrénie", etc. Mais il existe des formes différentes de ces pathologies. Chacune d'elles présente des caractéristiques propres et nécessite une prise en charge particulière. Aujourd'hui, on a tendance à donner les mêmes médicaments à tout le monde. »* Résultats : environ un tiers des malades répondent bien aux traitements, un tiers y répondent partiellement et un tiers n'y répondent pas du tout.

Proposer des traitements personnalisés

L'ambition cardinale de Propsy est de *« mieux classer les patients en créant des sous-familles distinctes des quatre maladies mentales retenues afin de proposer les meilleures stratégies possible de prévention, de dépistage, de diagnostic et de suivi »*, explique Renaud Jardri, professeur de psychiatrie à l'université de Lille ainsi que pédopsychiatre au CHU de Lille. *« À cette fin, il importe d'identifier des* **biomarqueurs** *spécifiques de chaque sous-groupe, qu'ils soient génétiques, moléculaires, de neuro-imagerie, de neuro-inflammation, chronobiologiques, cognitifs, psychologiques, électrophysiologiques… Cela permettra notamment de porter un diagnostic précoce et précis sans avoir à se fonder quasi exclusivement sur l'observation clinique, fondée sur des critères subjectifs, qualitatifs* (essentiellement le comportement et la parole du patient, Ndlr), *comme c'est actuellement le cas »*, insiste-t-il.

« Surtout, améliorer la détection, la compréhension et le traitement des troubles psychiques suppose de s'appuyer sur des études de cohortes de patients et de faire travailler ensemble psychiatres, spécialistes des neurosciences, d'imagerie, d'immunologie, de pharmacologie, d'intelligence artificielle, de modélisation, d'épidémiologie, et, bien sûr, de génétique », poursuit Renaud Jardri. Certes, la fatalité génétique n'existe pas en psychiatrie. Les choses ne sont pas aussi simples. Par exemple, plusieurs milliers de gènes ont d'ores et déjà été associés à l'autisme et à d'autres troubles psychiques, et autant le seront sans doute bientôt.

Prendre en compte les pics de pollution

Pour autant, un nombre grandissant de travaux indique sans équivoque que *« ces pathologies résultent d'interactions entre des facteurs génétiques et des facteurs environnementaux*, explique Marion Leboyer, également pilote scientifique de Propsy. *Autrement dit, tous les sujets porteurs de variants génétiques impliqués dans les troubles psychiatriques ne seront pas malades, mais tous présentent un risque accru de l'être quand ils sont confrontés à des facteurs exogènes comme le stress, les événements périnataux (infections maternelles, complications obstétricales), la maltraitance pendant l'enfance, la consommation de cannabis à l'adolescence, les traumatismes crâniens, ou même l'urbanicité (fait de vivre en ville) et la pollution. La psychiatrie de précision doit donc s'efforcer de comprendre l'influence de l'environnement sur la manifestation des affections polygéniques que sont les maladies mentales. »*

Les études prenant en compte ces facteurs environnementaux, dont certains auraient pu paraître saugrenus il y a peu, ne cessent de se multiplier. Il a ainsi

Biomarqueur

Donnée objectivement mesurable et aisément accessible apportant une indication prédictive, diagnostique et/ou pronostique sur un processus pathologique et sa réponse à une stratégie thérapeutique.

été montré récemment qu'il y a deux fois plus de schizophrènes dans les grands centres urbains qu'en milieu rural, probablement en raison d'un surcroît de pollution, de stress et d'infections inhérent à une densité de population plus élevée[6].
De même, une étude a révélé que les personnes migrantes ou appartenant à un groupe ethnique minoritaire présentent un surrisque de troubles psychiatriques, notamment de psychose, et ce jusqu'à la deuxième génération, par rapport aux non-migrants[7], sans doute du fait de conditions de vie défavorables et instables, de l'isolement relationnel, etc. Et tout dernièrement, une forte corrélation a été mise en évidence entre pics de pollution aux microparticules et consultations aux urgences pour trouble psychotique et dépression[8].

Étudier le système immunitaire

Autre volet en plein essor de la psychiatrie de précision : l'immunopsychiatrie. Il s'agit de l'étude des liens entre l'apparition de symptômes neuropsychiatriques et les dérèglements du système immunitaire (ceux-ci étant responsables d'une inflammation chronique et imputables à des déséquilibres nutritionnels, à l'exposition à des polluants, à un vécu traumatique, etc.). Un dysfonctionnement, notamment, focalise l'attention des chercheurs : celui provoqué par les auto-anticorps. « *Ces anticorps qui s'attaquent à nos propres cellules, au lieu de nous défendre contre les agressions, peuvent se diriger contre des récepteurs cérébraux indispensables au bon fonctionnement des synapses,* explique Laurent Groc, de l'Institut interdisciplinaire de neurosciences à Bordeaux[9]. *Ils y sèment une pagaille terrible et génèrent des symptômes psychotiques : hallucinations, idées délirantes, troubles cognitifs... Nous avons montré avec Marion Leboyer qu'entre 10 et 20 % des patients diagnostiqués schizophrènes sont porteurs de ces auto-anticorps et souffrent, en*

réalité, de ce que nous avons appelé une "psychose auto-immune". »

Or, les neuroleptiques sont inefficaces chez ce nouveau groupe de patients. Pire, l'administration de ces médicaments aggrave la situation. D'où l'importance de « *détecter, chez les sujets présentant des troubles psychotiques, la présence d'auto-anticorps qui modifient la dynamique des récepteurs cérébraux, et de proposer à ces patients, s'ils sont séropositifs, une immunothérapie,* plaide Laurent Groc. *Ce traitement, en plus d'être déjà disponible et peu onéreux, permettrait une amélioration thérapeutique chez ces patients. Un essai clinique est en cours à l'échelle nationale et devrait apporter ses conclusions dans les années à venir* ».

Prévoir les crises grâce à l'imagerie

Par ailleurs, qui dit psychiatrie de précision dit recours accru à l'imagerie. De plus en plus sophistiquées, les techniques ad hoc, à l'instar de l'IRM anatomique, s'avèrent cruciales pour repérer des modifications de la morphologie de structures cérébrales comme le cortex dont on peut calculer l'épaisseur. Tandis que « *l'IRM de diffusion sert à mesurer des défauts de connectivité entre les différentes régions du cerveau, ces connexions étant souvent altérées (c'est-à-dire hyper ou hypo-fonctionnelles) par un trouble psychiatrique* », pointe Renaud Jardri.

« *Quant à l'IRM fonctionnelle, couplée à des algorithmes d'intelligence artificielle, elle permet déjà de prédire la survenue d'hallucinations auditives chez les patients schizophrènes et devrait bientôt permettre de savoir si un premier épisode psychotique va plutôt évoluer vers un trouble bipolaire, une schizophrénie ou rester un épisode isolé. Enfin, l'IRM à très haut champ magnétique vise entre autres à mieux comprendre le mode d'action des sels de lithium sur le cerveau des patients bipolaires et apporte des informations précieuses sur les concentrations de certains métabolites (molécules produites par les bactéries) qui jouent un rôle clé dans la neurotransmission (transmission d'information d'un neurone à l'autre)* », informe l'enseignant-chercheur.

Déployer les thérapies numériques

L'ensemble de ces marqueurs (anatomiques, microstructurels, fonctionnels, métaboliques) seront utilisés, avec d'autres, au sein de la cohorte French Minds que le programme Propsy s'apprête à construire et qui comptera, à terme, 10 000 patients. « *Tous seront évalués de manière exhaustive et suivis, des années durant, sur le plan clinique, comportemental, environnemental... Jamais une cohorte de cette taille n'avait bénéficié d'un tel suivi*, se réjouit Marion Leboyer. *Elle va nous permettre de faire de la "haute couture" plutôt que du "prêt-à-porter".* »

« *C'est un outil absolument indispensable pour décrypter les mécanismes moléculaires, cellulaires et de réseaux impliqués dans les maladies psychiatriques, pour mieux cerner les facteurs de risque, suivre la trajectoire des patients et comprendre ce qui la modifie, pour développer des stratégies ciblées, etc.* », résume la chercheuse.

Autre atout de la démarche : les partenariats tissés avec des start-up. Ils devraient contribuer au développement de nouvelles molécules thérapeutiques, mais aussi à l'essor de la **stimulation magnétique transcrânienne** pour les malades souffrant de dépression sévère, ou encore au déploiement des thérapies numériques[10]. « *Nos patients ont besoin d'innovations. Ils ont le droit à ce que l'on peut faire de mieux pour eux*, conclut Marion Leboyer. *Mais quelles que soient les avancées de la psychiatrie de précision qu'occasionnera Propsy, la relation entre patients et soignants restera le fondement essentiel du traitement* », rappelle la psychiatre.

Stimulation magnétique transcrânienne

Technique indolore qui induit de faibles courants électriques dans des zones précises du cerveau pour les stimuler.

À lire sur lejournal.cnrs.fr

– Décoder le langage interne du cerveau

– Nouveaux regards sur la dépression

[1] L'espérance de vie des malades est de quinze ans inférieure à la moyenne.

[2] « Les parcours dans l'organisation des soins en psychiatrie », rapport public thématique, Cour des comptes, février 2021, sur www.ccomptes.fr/fr/publications/les-parcours-dans-lorganisation-des-soins-de-psychiatrie.

[3] Programme retenu dans le cadre des appels à projets de France 2030 pour les Programmes et équipements prioritaires de recherche (PEPR).

[4] CEA/Sorbonne Université/Université de Bordeaux/Université de Lille/Université de Paris/Université Paris-Est Créteil.

[5] Unité CNRS/Université Clermont-Auvergne.

[6] « Le milieu urbain : un facteur de risque pour les troubles psychotiques ? », *Annales Médico-psychologiques revue psychiatrique*, février 2021.

[7] "Treated incidence of psychotic disorders in the multinational EU-GEI study", *JAMA Psychiatry*, janvier 2018.

[8] "PM2.5 and PM10 air pollution peaks are associated with emergency department visits for psychotic and mood disorders", *Environmental Science and Pollution Research*, juillet 2022.

[9] Unité CNRS/Université de Bordeaux.

[10] En collaboration avec le PEPR Santé numérique.

Très bien organisés, particulièrement actifs sur Twitter, les réseaux climatosceptiques sèment le doute sur la réalité du changement climatique. Pour décortiquer leurs échanges et mieux comprendre leurs arguments, David Chavalarias et ses collègues ont mis au point le Climatoscope. Enquête chez des mercenaires de la désinformation.

Climatosceptiques #intox

Propos recueillis par Sebastián Escalón

Twittosphère climatique française de l'automne 2022.
© Chavalarias D., Bouchaud P., Chomel V., Panahi M., 2023, «Les nouveaux fronts du dénialisme et du climato-scepticisme», https://hal.science/hal-03986798

Vous venez de publier une étude[1] sur le regain de l'activité climatosceptique que vous avez constaté sur les réseaux sociaux depuis l'été 2022. Mais d'abord, qu'est-ce qu'un climatosceptique ?
David Chavalarias[2]. Les climatosceptiques ou climato-dénialistes, comme on les appelle aussi, sont des personnes qui rejettent les principales conclusions de la science du climat et des synthèses du Groupe d'experts intergouvernemental sur l'évolution du climat (Giec), qui reflètent l'état des connaissances sur le climat et le changement climatique. En particulier, ces personnes nient l'existence d'un réchauffement climatique d'origine anthropique *(dû à l'activité humaine, Ndlr)*. Pour certaines d'entre elles, il n'y a pas de changement climatique. Pour d'autres, il est dû à la variabilité naturelle du climat et donc on ne peut rien y faire. Certaines vont jusqu'à dire que le CO_2 est bon pour les plantes et la planète. Un large éventail d'arguments est ainsi mobilisé avec pour objectif principal

ScienceAlly
Pro-OGM
avecvous
EmmanuelMacron
Ecologie_Gouv
AgnesRunacher
pcanfin
emma_ducros
Tech MacLesggy
Pro-Nucleaire
Tech
Pro-Nucleaire
Meteo_Pyrenees
JMJancovici
olivierdavid_ec
GaetanHeymes
valmasdel
cassouman40
SergeZaka
AfpFactuel
Meteovilles
Thom_astro
yjadot
EricPiolle
audreygarric
lemondefr
Charlie_Hebdo
cdion
afpfr
Anne_Hidalgo
BonPote
oxfamfrance
greenpeacefr
Reporterre
ClemSenechal
edwyplenel
MaximCombes
MickaCorreia
salomesaque
attac_fr
L214
PartiAnimaliste
PETA_France
paul_denton
Portes_Thomas
sandrousseau
ZemmourEric
CNEWS
SudRadio
passionne de meteorologie
#BitCoin
blocktogether
f_philippot
souverainiste
Elpis_R
Pro-Russe
Complotiste
UPR_Asselineau
Supprime
A_SAMEDI
Suspendu
Complotiste/antivax
CerfiaFR
Mediavenir

◢ Le lac de retenue de Montbel, en Ariège, illustrant l'importante sécheresse subie en 2022 par la France. Selon les climatosceptiques, il s'agirait d'une simple variabilité du climat contre laquelle on ne peut rien…
© Alain Pitton / NurPhoto via AFP

de retarder les mesures à prendre pour lutter contre le changement climatique.

Vos travaux portent sur ces groupes ayant un agenda et un intérêt à faire avancer ces idées-là sur les réseaux sociaux. Que peut-on en dire ?
D. C. J'ai lancé en 2015 avec mon collègue Maziyar Panahi un observatoire, appelé le Climatoscope, pour analyser le débat climatique sur la plateforme Twitter à l'échelle mondiale, en français et en anglais. L'observatoire collecte des centaines de milliers de tweets sur le sujet par semaine. Avec nos collègues Paul Bouchaud et Victor Chomel, nous avons étudié comment ce débat évolue dans le temps, notamment lors d'événements climatiques extrêmes ou de sommets internationaux sur le climat. Nous identifions les forces en présence et les stratégies des différents camps pour faire passer leurs messages. Dans le cas des groupes dénialistes, nous nous sommes plus particulièrement intéressés à la manière dont ils arrivent à persuader une partie non négligeable de la population de croire à des pseudo-faits, qui vont à l'encontre de ce qui est accepté scientifiquement et de ce que ressent la population année après année. Il y a un aspect de guerre communicationnelle, où un groupe très minoritaire essaie d'imposer ses vues ou, pour le moins, de semer le doute chez une portion croissante de la population. Depuis cet été en France, on observe un regain d'activité climatosceptique venant d'environ 10 000 comptes Twitter qui, en majorité, faisaient partie de la sphère antivax et antisystème d'orientation complotiste ou **alt-right** pendant la pandémie.

Comment étudiez-vous ces comptes et leur activité ?
D. C. Twitter a été notre plateforme de prédilection d'une part parce qu'elle met à disposition du public une partie de ses données et d'autre part parce que c'est une plateforme qui concentre un grand nombre d'influenceurs sur les questions politiques et climatiques. Les dizaines de millions de tweets que nous avons moissonnés sur le changement climatique ont un contenu, des auteurs et des indications comme : qui répond à qui, qui aime quoi, qui est en relation avec qui. Cela nous permet de transformer ces données en structure mathématique, c'est-à-dire un graphe où les nœuds représentent des utilisateurs et les liens entre les nœuds symbolisent leurs interactions. À partir de ce graphe, nous caractérisons des structures sociales sous forme de communautés de militants alignés idéologiquement. Nous pouvons entrer ensuite dans le contenu de ce qui est dit. Nous essayons ainsi de comprendre comment ces groupes climatosceptiques s'organisent pour gagner de l'influence et prendre le pas sur leurs adversaires.

Qu'avez-vous appris sur leurs stratégies et leur coordination ?
D. C. Leur première caractéristique est bien sûr de diffuser des informations fausses ou des présentations trompeuses de vrais résultats sur le climat.

Alt-right
Désigne une partie de l'extrême droite américaine raciste et antisémite qui milite pour le suprémacisme blanc, contre le féminisme et le multiculturalisme, et développe des théories sexistes et conspirationnistes.

Pattern
Modèle spécifique représentant schématiquement la structure d'un comportement individuel ou collectif.

Ensuite, ils présentent une suractivité par rapport à ceux qui défendent le consensus climatique. Ils compensent le fait d'être minoritaires par une forte présence en ligne. Une autre caractéristique est que les « experts » climatosceptiques s'expriment sur tout. C'est une différence par rapport à ceux qui défendent la réalité du changement climatique, qui s'expriment principalement sur leur domaine de compétence. De plus, les comptes climatosceptiques ne craignent pas de se contredire eux-mêmes. Un jour ils diront que le changement climatique n'existe pas et un autre ils relaieront l'idée qu'il existe mais qu'on ne peut rien y faire. On observe aussi que les climatosceptiques pratiquent régulièrement des attaques *ad hominem :* en particulier vers les scientifiques du Giec pour créer de la polémique et les délégitimer. Les dénialistes relaient 3,5 fois plus de messages « toxiques » que les autres communautés. Autre caractéristique, ces communautés ont un taux de comptes inauthentiques (des robots ou personnes payées pour relayer des messages) près de trois fois supérieur à celui des autres communautés. Il est donc très probable qu'elles s'adonnent à des pratiques dites d'« *astroturfing* », dont le but est de constituer une foule factice pour faire croire qu'une cause est beaucoup plus soutenue dans la population qu'elle ne l'est réellement. Enfin, on observe des **patterns** d'activité très spécifiques. Par exemple, plusieurs lundis de suite, ils vont tous défendrent l'idée que le CO_2 est bon pour les plantes.

Quels sont les arguments qu'ils développent ?
D. C. Ils sont nombreux et variés. Il y a par exemple l'appel au sens commun, qui ne vaut rien scientifiquement. Typiquement, ce sont des messages du type : *« Il neige abondamment en Suisse ou en Autriche, du jamais vu à la mi-septembre, heureusement qu'il y a le changement climatique. »* Il y a des arguments sur l'immoralité des défenseurs du climat à partir de faits anecdotiques, comme le compostage humain, pour dire,

Combustibles fossiles
Émissions de gaz à effet de serre
Gaz à effet de serre
Émissions de gaz carbonique
Taxes
Carbone organique
Pergélisol
Feux
Forêts
Matière organique
Carbone organique du sol
Espèces d'arbres
Humidité du sol
Canopée
Écosystème
Espèces végétales
Biodiversité
Faune
Extinction
Facteurs environnementaux
Ours polaires
Changement environnemental
Photosynthèse
Insectes
Phénologie
Eau du sol
Agriculture
Production agricole
Produit agricole
Durabilité
Pollution
Développement durable
Élaboration des politiques
Sécurité alimentaire
Services écosystémiques
Irrigation
Adaptation aux changements climatiques
Température élevée
Vagues de chaleur
Conditions météorologiques extrêmes
Élévation du niveau de la mer
Niveau de la mer
Récifs coralliens
Hausse des températures
Réchauffement climatique
Humidité
Ressources en eau
Évapotranspiration
Océans
Antarctique
Oxygène
Période glaciaire
Température de l'air
Bassin versant
Température de surface de la mer
Calotte glaciaire
Température de surface
Glace de mer
Échelles de temps
Variabilité climatique
Pluies
Précipitations
Scénarios de changement climatique
Modèles climatiques

◣ La visualisation interactive générée par le Tweetoscope climatique depuis 2015 permet de comparer, sur un même sujet, l'attention accordée par les scientifiques et celle accordée par le Web (médias et opinion publique au sens large). Les bleus indiquent une attention relative forte du Web (plus importante que celle des scientifiques), le orange/rouge une attention relative forte des scientifiques, le vert une attention équivalente de la part de ces deux communautés.

regardez, ils sont fous. On trouve des arguments complotistes du genre contrôle des populations. Exemple : *« Maintenant que le Covid est fini, ils vont essayer de nous contrôler avec le changement climatique. »* Ils essaient de faire croire que les travaux du Giec relèvent d'un agenda politique. *« C'est la gauche qui veut détruire l'économie ! »*, par exemple. Il y a encore des arguments de type pseudo-scientifique qui mettent en avant l'infime minorité de chercheurs climatosceptiques. Enfin, beaucoup de messages visent à dénigrer l'expertise des membres du Giec et de leurs relais.

« Les dénialistes relaient 3,5 fois plus de messages "toxiques" que les autres communautés. »

Quelle est la structure de cette communauté ?
D. C. Le climatoscepticisme est composé de trois grands courants au niveau mondial. On a d'abord le climato-dénialisme, aux motivations économiques. Ce sont par exemple de faux militants payés par les industries fossiles dont le but est de retarder l'action contre le réchauffement climatique. Il y a ensuite les climatosceptiques politiques. Ceux-ci rejettent la réalité du réchauffement climatique ou dénigrent les mesures proposées pour y remédier avant tout pour nuire à leurs opposants politiques qui les défendent. Le changement climatique ne les intéresse pas nécessairement en tant que tel. Aux États-Unis, au moment des élections américaines, il y a eu un regain de climatoscepticisme, car il s'agissait d'attaquer le projet environnemental démocrate. Enfin, la troisième catégorie est le climatoscepticisme géopolitique qui provient de pays aux régimes totalitaires. Pour ces régimes, le Kremlin par exemple, le changement climatique est un bon terrain pour diviser les populations et affaiblir les démocraties, comme je l'ai développé dans mon ouvrage *Toxic Data*. On sait par exemple qu'une des stratégies de Poutine pour gagner de l'influence sur le plan géopolitique est de mener des opérations de subversion sur les réseaux sociaux pour affaiblir les démocraties. Son but est d'exacerber les divisions intérieures afin d'altérer la cohésion sociale et que l'attention des gouvernements soit absorbée par des conflits intérieurs, voire si possible qu'ils soient eux-mêmes délégitimés.
Le regain de climato-dénialisme que l'on observe depuis l'été 2022 a toutes les caractéristiques pour relever pour partie de ce troisième courant. Nous observons des comptes qui auparavant semaient la discorde sur les vaccins contre le Covid-19, et qui, après avoir relayé la propagande du Kremlin autour de la guerre en Ukraine, se sont mis à défendre des thèses climatosceptiques. C'est notemment le cas du principal influenceur dénialiste, dont une ancienne description de profil pointait vers un compte VK *[Facebook social russe, Ndlr]* et qui, après avoir été antivax et s'être défini dans son profil comme « biostatisticien » *(data analyst)* début 2022, est soudain devenu *Climate Science Research (Independant)* en juillet 2022 après avoir relayé la

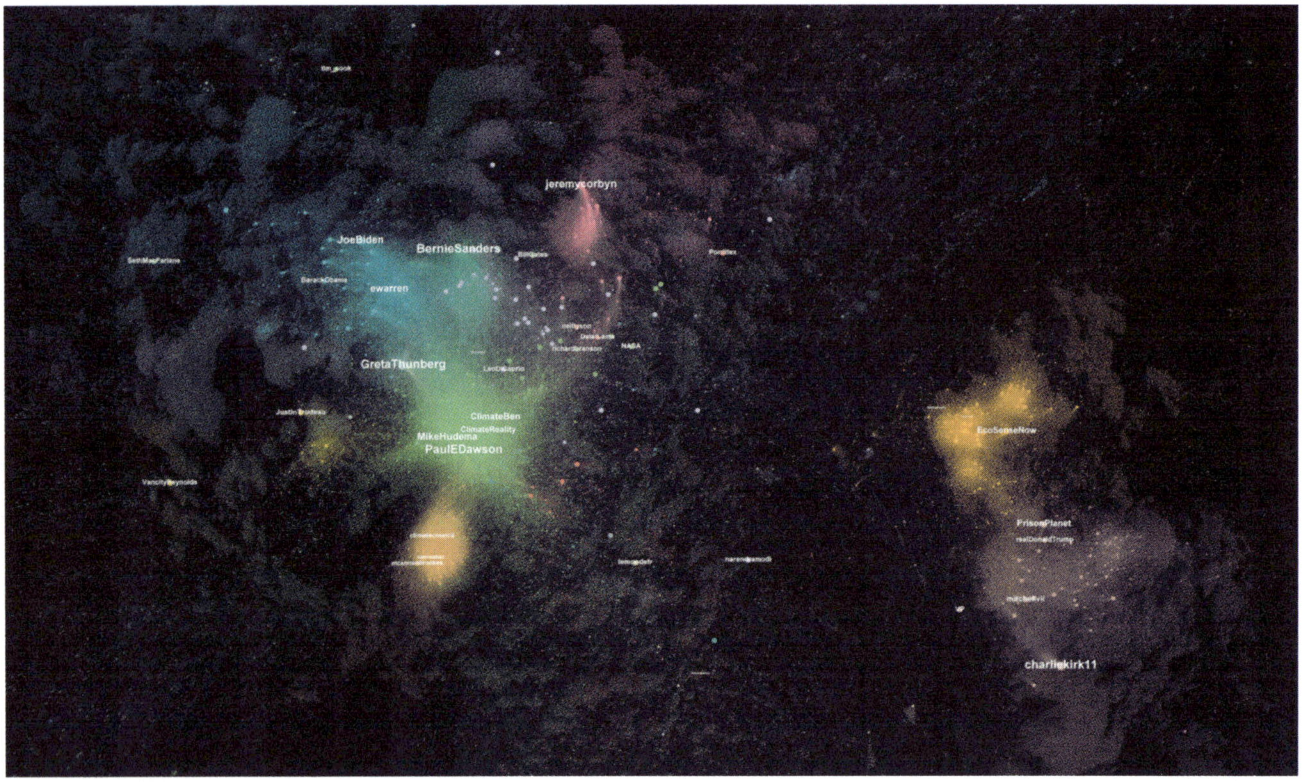

propagande du Kremlin au printemps. À noter aussi que 60 % de la communauté climato-dénialiste active en 2022 a participé à des campagnes numériques pro-Poutine. La force des climato-dénialistes est d'avoir un agenda politique tout en le cachant. Si quelqu'un présente des arguments scientifiques, vous l'attaquez. Vous jouez sur la peur, vous dites que leur but est de vous contrôler. Ces ficelles sont utilisées dans bien d'autres entreprises de subversion que le climat, notamment par l'extrême droite américaine et le Kremlin.

Quel est l'impact de ces réseaux climatos-ceptiques ?

D. C. Le climatoscepticisme a bondi de 8 % en 2022, en France[3], et l'on observe le même phénomène sur Twitter. Mais il a aussi un impact réel sur les scientifiques. Ceux-ci sont harcelés, dénigrés, on leur dit qu'ils servent les élites. C'est une stratégie de division qui vise à affaiblir les démocraties en utilisant l'approche des quatre« D » très prisée

◤ Sur cette cartographie de 200 000 comptes Twitter retweetant des contenus liés au changement climatique, en anglais ou en français, tirée du Twittosphere climatique au 4e trimestre de 2019, chaque couleur indique une communauté spécifique, soit géographique (au niveau du pays), soit orientée idéologiquement (militants prosciences du climat ou dénialistes.)
© Chavalarias D., Panahi M., 2020
© Graphique p.169, Chavalarias D., Bouchaud P., Chomel V., Panahi M., 2023. «Les nouveaux fronts du dénialisme et du climato-scepticisme», https://hal.science/hal-03986798

Proportion de comptes participant aux discussions sur le changement climatique
(Par année de création du compte)

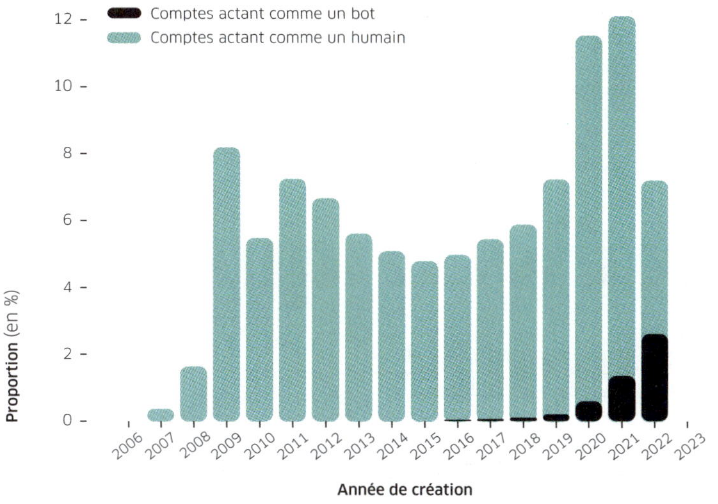

Au niveau international, sur 5 millions de comptes actifs entre 2020 et 2022 on observe que la proportion de comptes Twitter aux comportements inauthentiques (robots ou personnes payées pour relayer des messages) dans les échanges connaît une forte augmentation.

par des régimes comme le Kremlin : Discréditer, Déformer, Distraire, Dissuader. On peut en ajouter un cinquième : faire Douter. Ces cinq « D » sont mis en œuvre sur le terrain climatique. On désinforme en disant par exemple que le réchauffement est dû à une variation naturelle. On détourne l'attention en reprochant aux scientifiques qui étudient le changement climatique d'avoir un agenda politique. On dissuade de toute action sérieuse par la peur, en faisant croire que les mesures vont détruire l'économie et les emplois. On fait douter en donnant à penser que le consensus scientifique est faible ou que les mesures envisagées ne serviront à rien. C'est très efficace à condition que l'on n'en ait pas conscience. C'est pourquoi il faut bien comprendre ce qui se joue en ligne pour ne pas se laisser manipuler.

Pensez-vous que l'action climatique des États soit ralentie par ce militantisme numérique climato-dénialiste ?

D. C. Ce n'est que mon opinion mais j'en suis convaincu. On le voit sur les énergies renouvelables. Il y a de grands débats sur les réseaux sociaux sur l'idée qu'elles ne sont pas efficaces, et certaines collectivités territoriales et le gouvernement deviennent plus rétifs à s'engager sur cette voie. Comprenez que si vous avez ne serait-ce que 10 % de la population très radicalisée et prête à descendre dans la rue pour protester contre ce type d'initiative, les gouvernements seront moins à même de prendre ces mesures. C'est la stratégie de division : plus le pays est divisé, moins vous pourrez mettre en œuvre des politiques publiques audacieuses efficaces pour traiter un problème majeur comme le changement climatique. Nous avons montré dans notre étude que, bien que les synthèses du Giec mènent les débats sur le moyen terme, sur Twitter, au quotidien, les réactions des climato-dénialistes mais également des technosolutionnistes réduisent l'activité en ligne des membres du Giec et de leurs relais. Ce type de militantisme climatosceptique freine donc a priori la diffusion des connaissances scientifiques et des conclusions du Giec.

À lire sur lejournal.cnrs.fr

– Internet, l'autoroute de la désinformation ?
– Réseaux sociaux, les rouages de la manipulation de l'opinion.

[1] « Les nouveaux fronts du dénialisme et du climatoscepticisme – Deux années d'échanges Twitter passées aux macroscopes », Étude Climatoscope 2023, D. Chavalarias, P. Bouchaud, V. Chaumel, M. Panahi, février 2023 (https://iscpif.fr/climatoscope/?p=72)

[2] Directeur de recherche au CNRS, directeur de l'Institut des systèmes complexes de Paris Île-de-France.

[3] www.edf.fr/groupe-edf/observatoire-international-climat-et-opinions-publiques/enseignements

Les capteurs et les intelligences artificielles s'invitent dans les réseaux électriques, formant des réseaux plus intelligents aussi appelés *smart grids*. Le chercheur Nouredine Hadjsaid nous explique les enjeux et les défis posés par ces nouveaux systèmes chargés d'optimiser l'équilibre entre production et consommation d'électricité.

Des réseaux électriques intelligents

pour la transition énergétique

Propos recueillis par Sebastián Escalón

Dans les réseaux électriques, à quels problèmes veulent répondre les *smart grids*, c'est-à-dire les réseaux intelligents ?

Nouredine Hadjsaid[1]. Précisons déjà une chose : les réseaux électriques sont vitaux pour les économies modernes et sont considérés comme le système le plus complexe jamais construit par l'être humain. Le réseau français représente près d'un million et demi de kilomètres de lignes et de câbles électriques, soit plus de trois fois la distance entre la Terre et la Lune, interconnectés avec l'ensemble du réseau européen. Il est gouverné par des lois physiques immuables qui exigent un équilibre à chaque instant entre ce qui est produit et ce qui est consommé. La rupture d'un tel équilibre peut provoquer un black-out.

Le réseau électrique repose sur le vecteur énergétique « électricité », qui a des qualités uniques en termes de flexibilité, de versatilité, de transport et de distribution, mais il ne se stocke pas à large échelle. Ainsi, lorsque vous appuyez sur un

◥ Prototype de capteur magnétique capable de mesurer sans contact du courant électrique. Cette méthode innovante de mesure des paramètres électriques (courant, déphasage et fréquence) est nécessaire au développement des *smart grids*.
© Frédérique PLAS/G2Elab/CNRS Photothèque

interrupteur, l'énergie est produite en temps réel. Les moyens de production doivent être flexibles pour intervenir instantanément et de manière coordonnée. Le réseau doit en plus garder une marge de sécurité opérationnelle pour prendre en compte divers aléas, comme les tempêtes ou des pics soudains de consommation. C'est la seule industrie au monde qui fonctionne avec de telles contraintes.
La complexité du système s'est ensuite accrue avec l'arrivée des énergies renouvelables. La consommation française effectue des pointes à 100 gigawatts, ce qui équivaut à une centaine de tranches nucléaires, qui sont, elles, parfaitement pilotables. Les énergies renouvelables sont théoriquement capables de fournir un peu moins d'un tiers de ce pic. Elles représentent cependant plus de 500 000 unités réparties sur tout le territoire, dont on ne pilote pas vraiment la production qui, dans le cas du solaire ou de l'éolien, dépend en plus des conditions météorologiques. Leur intégration constitue donc un chantier phénoménal.
Enfin, le développement des véhicules électriques ajoute autant de charges mobiles dont il faut prévoir où et quand elles vont consommer de l'énergie. Seuls les réseaux intelligents parviendront à gérer la complexité de la transition énergétique.

Quelles sont les caractéristiques d'un réseau intelligent ?

N. H. En premier lieu, la résilience du système. Celle-ci demande de disposer de modèles de représentation sur différentes échelles de temps et incluant les dynamiques induites. Du point de vue opérationnel, il faut contrôler la chaîne de pilotage en temps réel : mesurer, analyser, décider et communiquer. Pour certaines parties du réseau, déjà bien instrumentées, cela passe par la maîtrise de la fiabilité des milliers de mesures

à l'échelle de la seconde. Pour les autres, il faut installer suffisamment de capteurs et reconstruire l'observabilité de l'ensemble du réseau en temps réel à partir de peu de mesures.
Les données extraites nourrissent des modèles prédictifs complexes, éventuellement renforcés par de l'intelligence artificielle, afin d'optimiser le fonctionnement global du réseau. Compte tenu de la nécessité de maintenir en permanence l'équilibre dans un contexte de plus en plus complexe et incertain, les systèmes de décision doivent s'appuyer sur de l'intelligence distribuée avec divers degrés d'analyse et de décisions autonomes, tout en se coordonnant avec des systèmes centralisés indispensables pour l'optimisation globale. C'est un énorme chantier.

Quelles sont les principales difficultés ?

N. H. Pour leur observabilité et leur pilotage, les réseaux intelligents sont liés à des systèmes d'information et de communication. Nous faisons

◤ À Toulouse, un réseau électrique intelligent à l'échelle d'une zone d'activité économique : installations de production d'énergies renouvelables, moyens de stockage à faible impact environnemental et système de gestion technique centralisée.
© Lydie Lecarpentier/RÉA

◥ Le projet pilote Nice Grid teste l'intégration du photovoltaïque dans le réseau électrique de quartiers residentiels à l'aide d'un *smart grid*. Les résultats sont encourageants à l'exception du pilotage à distance des batteries individuelles, en raison de la présence de trop nombreux outils et prototypes de communication.
© Albane Noor/RÉA

donc face à des systèmes de systèmes. Il faut disposer de modèles multiphysiques et d'observabilité. L'impossibilité d'installer des capteurs sur tout le réseau de distribution nous oblige à obtenir la description la plus fiable à partir d'un nombre limité de points. J'aime bien dire que cela revient à reconstruire une image en 4K *(c'est-à-dire en ultra haute définition, soit 3840 x 2160 pixels, Ndlr)* à partir de quelques pixels.
Nous voulons également développer des systèmes autonomes et réactifs, mais aussi maîtrisables et sécurisés, capables de faire face à des variabilités accrues. Nous devons ainsi prendre en compte les modèles des pays voisins auxquels notre réseau est interconnecté, comme l'Allemagne ou la Belgique, eux mêmes interconnectés à d'autres pays et ainsi de suite. Tous sont soumis à des aléas extérieurs susceptibles d'affecter notre réseau.
Nous avons de plus besoin de nouveaux modèles de planification, intégrant les incertitudes croissantes, tout en maîtrisant les investissements

qui constituent des montants colossaux. Tout cela représente une tâche titanesque, il nous faudra des dizaines d'années de recherches pour y répondre.

Les réseaux intelligents ouvrent-ils des solutions pour les économies d'énergie ?

N.H. Ils facilitent la participation des consommateurs, avec le concept du « consomm'acteur ». Ils peuvent être équipés de systèmes de production ou de stockage d'énergie, comme des panneaux solaires, voire des véhicules électriques. Le consomm'acteur devient donc une source de flexibilité, avec les compteurs intelligents comme briques essentielles.

Via le courant porteur en ligne (CPL), que le grand public utilise pour étendre son réseau internet domestique à travers les prises électriques, et un compteur intelligent, le réseau peut communiquer avec les différents appareils électriques qui y sont branchés. Cela fonctionne aussi avec d'autres méthodes, comme la 5G. Certaines technolo-

Conçus et déployés par Enedis, principal gestionnaire du réseau électrique de distribution en France, les compteurs Linky (ici au centre de tests européen) sont équipés d'un système communicant qui mesure en temps réel la consommation électrique d'un foyer.
© Patrick Allard/RÉA

Les réseaux intelligents facilitent la participation des consommateurs aux économies d'énergie, avec le concept du « consomm'acteur ».

gies accèdent par exemple au chauffe-eau ou au réfrigérateur pour les éteindre brièvement, tout en préservant le confort du consommateur. Enfin, une meilleure connaissance de la consommation facilite les économies d'énergie.

Comment la recherche étudie-t-elle les réseaux intelligents ?

N. H. Je considère trois principales catégories d'approches. D'abord, la modélisation permet de comprendre ce qu'il se passe dans des systèmes dont on n'observe directement qu'une infime partie. Il s'y déroule des phénomènes non linéaires, avec des dynamiques complexes et des rétroactions. Les modèles aident à décrire tout cela, puis à proposer des solutions, notamment en adaptant l'architecture du réseau ou en concevant de nouveaux modes de pilotage.
Dans un deuxième temps, ces résultats doivent être validés sur des plateformes expérimentales physiques, utilisant de véritables objets technologiques. Au Laboratoire de génie électrique de Grenoble (G2Elab), nous partageons par exemple avec l'École nationale supérieure de l'énergie, l'eau et l'environnement (Ense3) le centre Production réseau d'énergie distribué (Predis), qui consacre 2 000 m² à la démonstration sur la gestion intelligente de l'énergie. Ces travaux peuvent d'ailleurs être couplés avec des modèles tels que des jumeaux numériques *(modèles virtuels d'objets physiques, Ndlr)*. Enfin, nous collaborons directement avec les acteurs du monde socio-économique pour mieux comprendre les problèmes auxquels ils sont confrontés, puis tester sur le terrain les solutions qui ont passé les étapes précédentes.

Quels travaux menez-vous personnellement ?

N. H. Je m'intéresse principalement à la résilience des systèmes. Je crée des modèles pour identifier les vulnérabilités sur des architectures complexes et évolutives. Je développe également des architectures de réseaux qui intègrent mieux les énergies renouvelables et les nouveaux usages.
J'ai aussi étudié le pilotage des réseaux grâce à des onduleurs équipés d'intelligences artificielles, pour mieux faire face à la baisse de l'inertie globale du système due aux énergies renouvelables. Ces dispositifs, particulièrement importants dans les systèmes photovoltaïques, génèrent des courants alternatifs à partir de sources continues. Leur optimisation permettrait de limiter les besoins en stockage d'énergie. Enfin, j'ai travaillé sur des méthodes pour identifier les meilleurs endroits où placer des capteurs afin d'améliorer l'observabilité du réseau.
Plus généralement, je suis très soucieux du renforcement des liens entre la recherche académique et le monde industriel. Avec mes nombreuses fonctions, je suis en contact avec des centaines d'industriels, différents ministères, la Commission

de régulation de l'énergie ou encore l'Agence de l'environnement et de la maîtrise de l'énergie. Ces partenariats ouvrent aux chercheurs l'accès à un vaste panel de données de première main, essentielles pour innover et construire des modèles fiables. Cela fait également remonter les besoins et les verrous auxquels le secteur de l'énergie est concrètement confronté.
Au-delà de mes travaux, les avancées actuelles concernent principalement les systèmes de pilotage et l'intégration des énergies renouvelables. L'intelligence artificielle a permis des bonds allant jusqu'à 70 % d'efficacité en plus sur la qualité des estimations de la consommation, tandis que les chercheurs développent des systèmes toujours plus flexibles et réactifs. Nous disposons en tout cas d'un champ de recherche extraordinaire et d'une forte collaboration avec la globalité du secteur de l'énergie, en particulier face à l'indispensable intensification de l'électrification pour atteindre la neutralité carbone à l'horizon 2050.

À Chicago, un homme vérifie la borne de recharge de véhicules électriques. Conçue sur une infrastructure de réseau intelligent, la station transforme la lumière du soleil en électricité qui est stockée dans un groupe de batteries à proximité, jusqu'à ce que le prochain propriétaire de véhicule électrique se branche pour le recharger.

[1] Nouredine Hadjsaid est professeur des universités à l'Institut d'ingénierie et de management de l'université Grenoble Alpes et directeur du Laboratoire de génie électrique de Grenoble (G2Elab, CNRS/Université Grenoble Alpes). Il est également directeur de la chaire industrielle d'excellence Enedis sur les *smart grids*, titulaire de la chaire Intelligence artificielle de l'Institut MIAI (pour Multidisciplinary institute in artificial intelligence) et préside le conseil scientifique de Think Smartgrids.

Depuis quelques années, les chimistes explorent de nouvelles – et parfois surprenantes – solutions thérapeutiques en utilisant les vertus de certaines bactéries.

Bactéries : la fabrique à médicaments

Par Grégory Fléchet

Des cheminées hydrothermales qui jalonnent le fond des océans aux sols perpétuellement gelés d'Alaska ou de Sibérie jusqu'à notre système digestif, aucun milieu n'échappe à la colonisation des bactéries. Malgré leur taille microscopique, ces organismes pèsent de tout leur poids dans la balance du vivant. Des chercheurs américains ont calculé que l'ensemble des bactéries présentes sur Terre représentait une masse totale de 70 milliards de tonnes de carbone[1-2]. Après les végétaux, les bactéries constituent ainsi le deuxième groupe d'êtres vivants en termes de biomasse. Si ces organismes unicellulaires aux capacités d'adaptation exceptionnelles intriguent toujours autant les microbiologistes, ils suscitent désormais la curiosité des chimistes qui cherchent à concevoir de nouveaux médicaments. Victor Duarte, du Laboratoire de chimie et biologie des métaux[3] (LCBM), fait partie de ces précurseurs. Avec d'autres chercheurs de l'Institut des sciences moléculaires de Marseille[4] et de l'Institut de microbiologie de la Méditerranée[5], le biochimiste a fait de

◢ Issu d'une bactérie présente dans notre tube digestif, le peptide RumC1 est une nouvelle arme efficace contre des pathogènes résistants aux antibiotiques les plus courants.

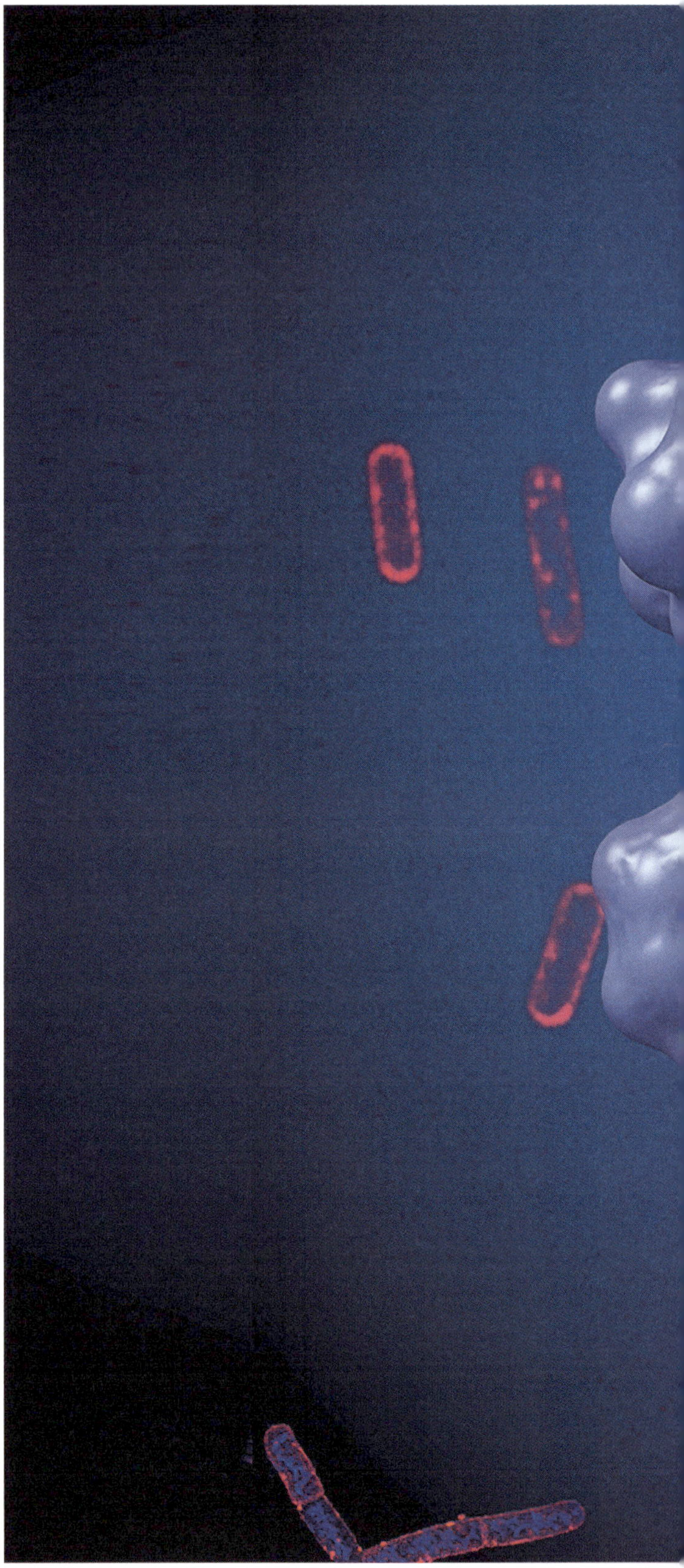

notre microbiote intestinal l'un de ses terrains d'investigation favoris. « *Parmi les centaines de milliards de microorganismes qui vivent dans notre tube digestif, certains produisent des substances aux propriétés antibiotiques. C'est le cas de la bactérie* Ruminococcus gnavus *chez laquelle nous avons identifié cinq molécules antimicrobiennes différentes, dont la ruminococcine C1 (RumC1)* », détaille le chercheur du LCBM. Depuis quelques années, ce **peptide** est l'objet de toutes les attentions de Victor Duarte et de ses collègues. Après être parvenus à synthétiser la molécule en laboratoire, ils ont cherché à démontrer son pouvoir antibactérien. L'équipe a ainsi constaté que RumC1 était active à faible dose sur plusieurs bactéries impliquées dans des infections nosocomiales et de l'intestin.

Mille fois plus efficace qu'un antibiotique

Bien que le mode d'action de RumC1 conserve une part de mystère, les scientifiques savent qu'il diffère de celui des antibiotiques les plus couramment utilisés. « *Alors que les molécules de cette famille neutralisent les microorganismes pathogènes en créant des trous dans leur membrane, notre peptide pénètre dans la cellule bactérienne pour perturber une ou plusieurs voies de synthèses biologiques comme celle de l'ADN ou des protéines* », explique Victor Duarte. Nombre de caractéristiques de RumC1 laissent entrevoir une possible utilisation thérapeutique. Sa structure très

Peptide
Élément de base d'une protéine composé de deux ou plusieurs acides aminés.

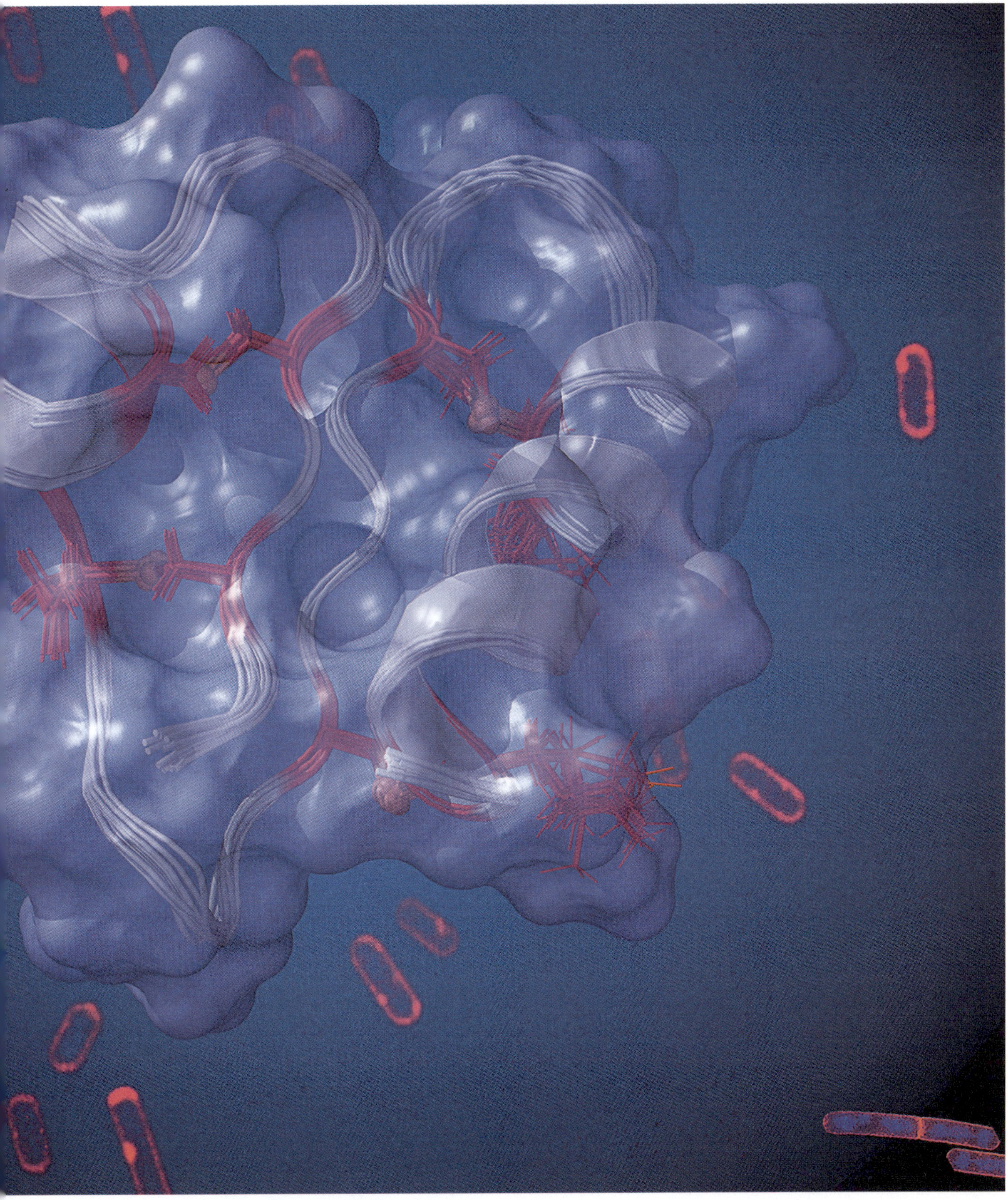

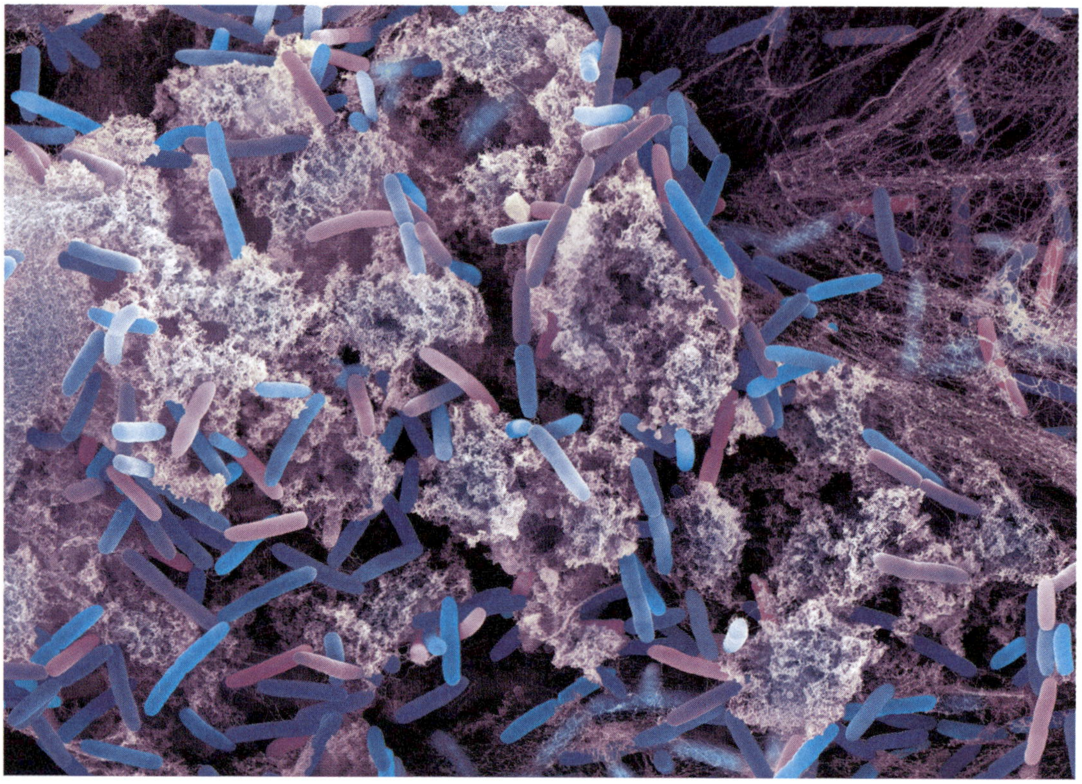

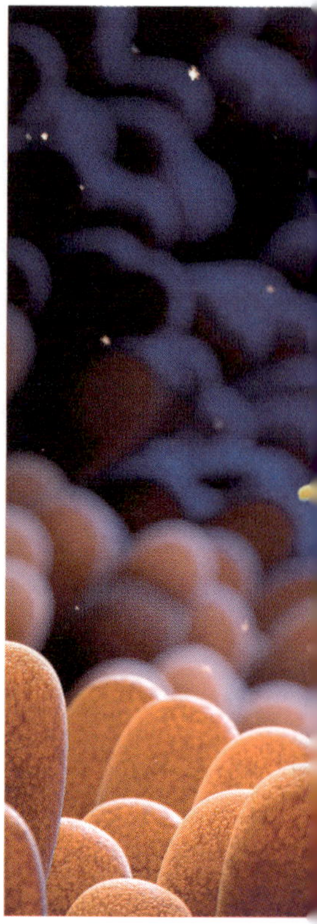

compacte lui confère tout d'abord une grande résistance aux conditions physiologiques et à divers traitements physico-chimiques. Le peptide ne présente en outre aucune toxicité envers les cellules de l'intestin. Son efficacité a également été mise en évidence chez des souris infectées par une bactérie déclenchant une forme de **péritonite intestinale**. « *La dose de RumC1 permettant d'éliminer le pathogène dans le système digestif des rongeurs s'est révélée mille fois inférieure à celle d'un antibiotique couramment utilisé pour traiter ce genre d'infection* », se réjouit Victor Duarte.

Une protocellule à base de bactéries

À l'heure où l'Organisation mondiale de la santé prédit que l'antibiorésistance sera responsable de 10 millions de décès par an à l'horizon 2050, RumC1 offre une alternative prometteuse aux antibiotiques dont l'efficacité ne cesse de décliner. Parvenir à mimer les réactions qui se déroulent dans une cellule vivante constitue la quête de nombreux chimistes et biologistes. Si plusieurs équipes sont déjà parvenues à reconstituer certaines fonctions cellulaires essentielles, comme des cascades enzymatiques ou la synthèse d'ARN et de protéines à partir d'ADN, les intégrer au sein d'un même compartiment se révèle plus ardu. Des chercheurs de l'université de Bristol, en collaboration avec un chimiste du Centre de recherche Paul Pascal[6] (CRPP) sont parvenus à relever ce défi en intégrant des microorganismes dans des microgouttelettes de polymères. « *Nous n'avons fait qu'appliquer le précepte du médecin allemand Rudolf Virchow* (1821-1902, Ndlr) *selon lequel "Toute cellule provient d'une autre cellule"* », résume Nicolas Martin, chargé de recherche au CRPP.

La stratégie dite « Bottom-up », mise en œuvre pour construire cette cellule artificielle, consiste à extraire d'organismes vivants, *Escherichia coli* (*E. coli*) et *Pseudomonas aeruginosa* en l'occurrence, les briques capables d'assurer le fonctionnement de n'importe quelle unité cellulaire. Une fois emprisonnées dans la microgouttelette qui fait office de **cytoplasme**, les bactéries sont détruites à l'aide de produits

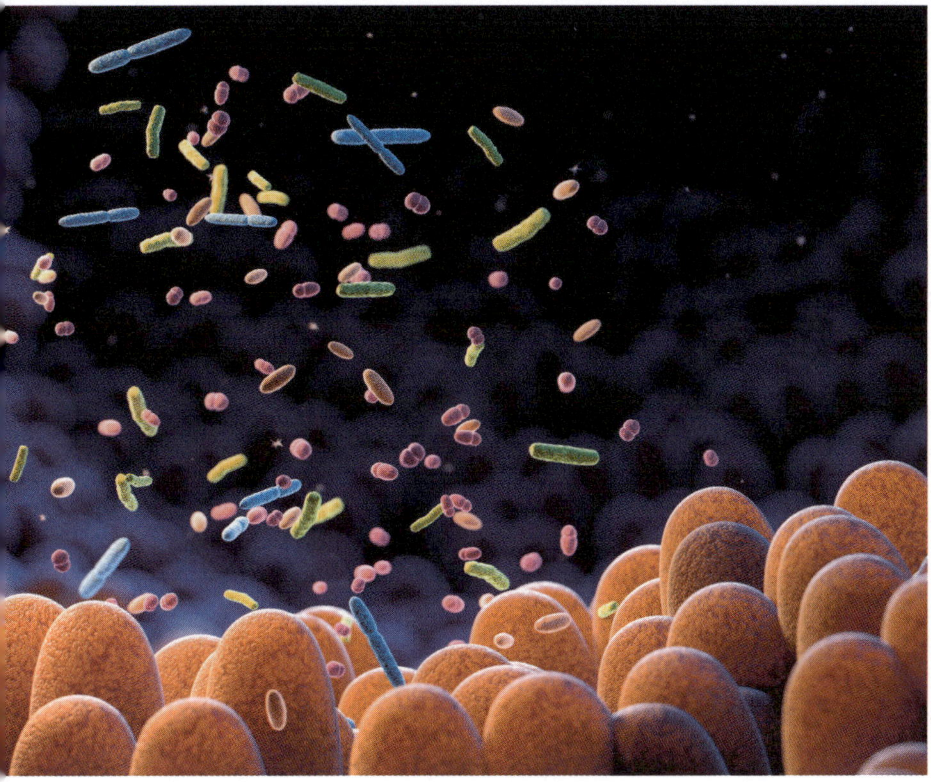

Un autre espoir pour lutter contre l'antibiorésistance serait de construire une cellule artificielle à partir de *Pseudomonas aeruginosa* (à gauche vue au microscope éléctronique à balayage et colorisée), bactérie en forme de bâtonnet qui se trouve entre autres dans la flore normale (à droite) de l'intestin humain.

chimiques pour qu'elles puissent libérer leurs composants cellulaires (il s'agit de la lyse cellulaire) : ADN, protéines, lipides, etc. Afin de constituer un ersatz de noyau, l'ADN bactérien est ensuite concentré au sein de la microgouttelette en y ajoutant des histones, protéines basiques associées à l'ADN des chromosomes. Reste alors à assurer l'autonomie énergétique de cette protocellule. Pour cela, des bactéries *E. coli* sont une nouvelle fois mises à contribution. Implantées après l'opération de lyse cellulaire, afin de les maintenir vivantes, ces bactéries tiennent lieu de **mitochondries**. En induisant la formation d'un cytosquelette protéique au sein de leur protocellule, les chercheurs sont même parvenus à lui faire adopter une morphologie semblable à celle d'une cellule eucaryote. Encore très fondamentale, cette recherche augure de possibles applications dans le domaine de la santé. « *De telles cellules artificielles pourraient être mises à contribution pour synthétiser des médicaments ou se substituer aux cellules défaillantes dans certains organes* », illustre Nicolas Martin.

Péritonite intestinale
Inflammation du péritoine, membrane de l'abdomen.

Cytoplasme
Partie interne de la cellule, composée surtout d'eau et de protéines, qui contient le noyau et les autres éléments la constituant.

Mitochondries
Éléments du cytoplasme dont le rôle est d'assurer la respiration cellulaire, la mise en réserve de l'énergie et le stockage de certaines substances.

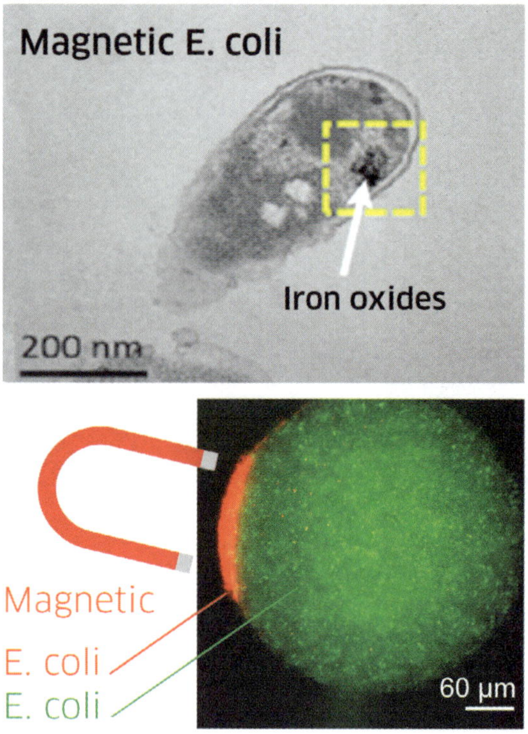

Comme leur nom le laisse deviner, les bactéries magnétotactiques utilisent le champ magnétique terrestre pour s'orienter et se déplacer. Une capacité que ces microorganismes doivent à la présence d'organites intracellulaires qui se comportent comme des aimants : les magnétosomes. Un consortium réunissant des chercheurs de plusieurs laboratoires français[7] s'est inspiré de ce phénomène pour concevoir une bactérie magnétique.

◤ À gauche, en haut, des nanoparticules d'oxyde de fer au sein de bactéries *Escherichia coli*, vues en microscopie électronique ; en bas, image par microscopie optique de l'accumulation de bactéries magnétiques exprimant des protéines fluorescentes rouges attirées par un aimant. Ces travaux ont pour but de créer de nouveaux outils de diagnostic.
© Aubry *et al.*
© Jasmin Merdan/Getty Images

Un microorganisme magnétique

La première étape de ce travail a consisté à modifier génétiquement la bactérie *E. coli* pour qu'elle produise de la ferritine. Cette protéine qui s'apparente à une cage de dimension nanométrique permet de stocker le fer à l'intérieur de la bactérie. Dans un second temps, du fer sous forme de sels métalliques est ajouté dans le milieu de culture des bactéries. « *Après avoir été capturé par le microorganisme, le métal s'oxyde pour former une nanoparticule qui lui confère des propriétés magnétiques tout*

Facteurs de transcription
Protéines qui servent à fixer l'ADN pour amorcer ou réguler la transcription d'un gène.

En offrant l'opportunité de détecter une infection à un stade précoce, le biocapteur pourrait, par exemple, aider au diagnostic précoce de maladies infectieuses.

en le protégeant d'un excès de fer qui lui serait fatal », souligne Zoher Gueroui, directeur de recherche CNRS au laboratoire Pasteur (pour Processus d'activation sélectif par transfert d'énergie uni-électronique ou radiative) de Paris ayant dirigé ces investigations. Une fois modifié, le microorganisme peut être contrôlé à l'aide d'aimants.

Parmi les pistes d'applications : utiliser cette bactérie magnétique en tant que biocapteur. Le principe, qui a fait l'objet d'un dépôt de brevet, est le suivant : en réponse à la signature biochimique d'un agent pathogène, la bactérie magnétique émet un signal fluorescent. « *En appliquant un champ magnétique, il est alors possible de concentrer le signal lumineux émanant de chaque bactérie et se faisant d'améliorer très nettement la sensibilité de la mesure* », complète Zoher Gueroui. En offrant l'opportunité de détecter une infection à un stade précoce, cette méthode pourrait par exemple aider au diagnostic précoce de maladies infectieuses.

Les recherches sur les bactéries sont porteuses de nombreuses autres innovations dans le domaine des biocapteurs. L'une d'elles pourrait révolutionner l'analyse des taux d'hormones. Fruit d'une collaboration franco-américaine incluant des chercheurs du Laboratoire de chimie des polymères organiques[8], ce travail a permis de concevoir un biocapteur de progestérone à partir de **facteurs de transcription** bactériens. Contrairement aux biocapteurs hormonaux actuels, qui ne permettent pas de mesurer les fluctuations de concentration de ces substances, cette solution est à même d'offrir une lecture en continu du niveau de progestérone. En modifiant la structure moléculaire d'un récepteur qu'une bactérie utilise pour se fixer aux cellules humaines, une équipe franco-autrichienne[9] a réussi à le rendre spécifique à certains groupes sanguins. Ce premier pas vers le développement de biocapteurs programmables laisse entrevoir un large éventail d'applications autour du diagnostic médical.

[1] Les scientifiques ont privilégié cette unité de mesure car elle est indépendante du contenu en eau des êtres vivants.

[2] « The biomass distribution on Earth », Yinon M. Bar-On *et al.*, *PNAS*, mai 2018.

[3] Unité CNRS/CEA/Univ. Grenoble Alpes.

[4] Unité CNRS/École centrale de Marseille/Aix-Marseille Univ.

[5] Fédération de recherche CNRS/Aix-Marseille Univ.

[6] Unité CNRS/Univ. de Bordeaux.

[7] Laboratoire Pasteur (CNRS/ENS/Sorbonne Univ.), Institut de minéralogie, de physique des matériaux et de cosmochimie (CNRS/MNHN/Sorbonne Univ.), Institut de biologie de l'ENS (CNRS/ENS-PSL/Inserm), Centre interdisciplinaire de recherche en biologie (CNRS/Collège de France/Inserm).

[8] Unité CNRS/Bordeaux INP/Univ. de Bordeaux.

[9] Centre de recherches sur les macromolécules végétales (CNRS) et Centre de biotechnologie industrielle autrichien.

Dix jours au-dessus d'une faille sous-marine

Du 17 au 27 février dernier, une équipe de scientifiques est partie au large de la Sicile étudier la faille sous-marine de nord Alfeo, découverte il y a seulement dix ans. Objectif : cerner les mouvements de cette faille, évaluer les risques de tremblements de terre et les dangers potentiels pour la population. Un chercheur nous a livré son carnet de bord, dessins inclus.

L'auteur (texte et dessins) Walter Roest, chercheur en géophysique marine au laboratoire Geo-Ocean (unité CNRS/Ifremer/Université de Bretagne occidentale/Université de Bretagne Sud).

L'imposante grue télescopique du navire océanographique *L'Atalante* semble défier l'Etna, volcan le plus actif d'Europe.
© W. Roest

#1 –16 février – Catane, nous voici !

Il est 18 heures lorsque nous sortons de l'aéroport de la deuxième plus grande ville de Sicile. Mes sept collègues et moi-même, partis quelques heures plus tôt de Brest, récupérons nos bagages et nous engouffrons dans deux taxis qui nous emmènent à l'hôtel dans le centre-ville. Les deux chauffeurs s'accordent pour dévier du trajet normal afin d'éviter les embouteillages à cette heure de pointe. Et, effectivement, le trajet se fait en 30 minutes sans encombre… mais pas forcément sans entorse au code de la route. Bienvenue en Italie !

Notre aventure commence très bien avec un repas offert à toute l'équipe scientifique par le chef de mission, Marc-André Gutscher du laboratoire Geo-Ocean. *Antipasti*, *primi* (deux fois des pâtes, pour les plus gourmands), *secondi* (poisson et poulpe) et pour finir *dolci* (tiramisu) accompagné d'un petit verre de grappa. Il s'agit de prendre des forces : demain, nous embarquerons pour une mission de dix jours, très importante pour connaître la sismicité de la région méditerranéenne. On l'oublie parfois mais des séismes destructeurs frappent « régulièrement » la région du Sud de l'Italie, comme en 1693 à Catane, en 1908 à Messine ou ici même au large d'Augusta, en 1990, avec une catastrophe qui avait causé la mort de 17 personnes. Baptisé Focus et financé par l'ERC, le Conseil européen de la recherche, le projet de Marc-André s'intéresse à la faille sous-marine de nord Alfeo qui représente potentiellement une menace pour la région de la ville de Catane et son million d'habitants. Cette faille, on ne sait pas grand-chose de ses mouvements : cela fait juste dix ans qu'on l'a découverte. D'où l'intérêt de notre mission…

C'est à cet endroit que lors de notre précédente campagne, en octobre 2020 avec le navire *Pourquoi pas?*, nous avions déployé un câble sous-marin en fibre optique d'une longueur de 6 kilomètres. Celui-ci a été connecté à un observatoire géré par l'Institut de physique de Catane, permettant une connexion en temps réel avec transmission des données vers la terre. Ces opérations extrêmement délicates ont été conduites par le véhicule sous-marin télécommandé Victor 6000, à plus de 2 000 mètres de fond, sur un terrain très escarpé. Le câble traverse la faille à plusieurs endroits et, depuis bientôt deux ans et demi, enregistre des déplacements au

fond de la mer qui peuvent provenir de mouvements tectoniques ou, éventuellement, de courants d'eau. En plus de ce câble en fibre optique, nous avons déposé sur les fonds marins un nombre important de sismomètres de fond de mer (OBS pour *Ocean Bottom Seismometer*), qui enregistrent les mouvements du sol, résultats des grands séismes lointains, mais aussi les très petits séismes locaux qui ne sont pas forcément enregistrés par le réseau de sismomètres à terre. Les données acquises dans le cadre du projet permettront de mieux comprendre le fonctionnement de la faille au large de la Sicile. Notre mission pour cette troisième campagne est triple : récupérer les OBS afin de télécharger les données enregistrées, en redéployer un certain nombre et déposer sur les fonds marins d'autres instruments de mesure.

◤ Depuis *L'Atalante* amarré au port de Catane, nous pouvons admirer l'Etna qui surplombe la ville.
© W. Roest

#2 – 17 février – Embarquement immédiat

Nous gagnons à pied le port de Catane et arrivons vers 10 h 30 face à *L'Atalante*. Ce navire fait partie de la flotte océanographique française, une très grande infrastructure de recherche, opérée par l'Ifremer avec le CNRS, l'Institut de recherche pour le développement et le réseau des universités marines. L'accès à bord est strictement contrôlé et un agent du port vérifie nos noms sur la liste d'embarquement. Nous avons juste le temps de chercher les cabines, de nous installer et c'est déjà l'heure du déjeuner.
À bord, les repas marquent le rythme de la journée. Comme nous travaillons 24 heures sur 24 et 7 jours sur 7, l'organisation se fait par quarts : 0-4 heures, 4-8 heures, 8-12 heures et ainsi de suite. Chaque personne fait deux quarts par jour, avec 8 heures de repos entre les deux. Le repas de midi est organisé en deux services : un à 11 heures et l'autre à 12 heures. Le soir, le dîner est à 19 ou 20 heures. On ne pourra pas se plaindre de l'alimentation ! Les repas s'annoncent divers et variés… et réalisés avec beaucoup de produits frais : l'avantage d'une campagne dont la durée dépasse à peine une semaine en mer. C'est tout autre chose quand on part, par exemple, vers les îles Kerguelen pour une mission de quarante-cinq jours.
Avant le départ, nous nous retrouvons dans la salle de réunion pour une session d'instruction de sécurité avec le 1er officier. Passent en revue : la vie à bord, les heures de repas, le traitement des déchets et surtout, donc, la sécurité. Il faut reconnaître les différents signaux

sonores d'alarme, associés aux différentes situations d'alerte, et notamment les signaux qui indiquent l'incendie à bord, ou carrément l'abandon du navire. Également, il faut savoir comment réagir si une personne tombe en mer : ne jamais la perdre de vue, jeter une des bouées de sauvetage qu'on trouve à proximité, appeler immédiatement le « 52 » pour prévenir la passerelle.

À 17 heures, c'est enfin le grand départ sous la supervision de l'Etna, le volcan le plus actif d'Europe (dont on ne sait pas encore le lien exact avec la faille qui nous occupe). La sortie du port est toujours une opération délicate. Nous, les scientifiques, avons le droit d'assister à la manœuvre sur la passerelle, mais en silence car le commandant donne oralement ses ordres sur indication du pilote à l'officier de quart. Il fait déjà presque nuit quand on sort du port vers 17 h 45, et nous faisons route vers le premier site de récupération d'un instrument laissé au fond.

#3 – 18 février – Une belle première récolte

Les équipes ont bien travaillé durant la première nuit : pas moins de 6 OBS ont été récupérés des fonds marins. Là aussi, nous devons suivre une procédure. Le navire fait route vers l'endroit où se trouve l'instrument déposé sur le fond marin au cours d'une campagne précédente. À une distance de quelques miles marins (environ 1 850 mètres) de la cible, un signal acoustique est envoyé dans l'eau pour communiquer avec l'instrument et initier le largage : la partie haute de l'instrument se détache d'un lest – un poids qui lui est attaché pour le garder au fond – et remonte vers la surface à une vitesse d'environ un mètre par seconde. Pour 2 000 mètres de profondeur, cela prend donc une trentaine de minutes.

Une fois l'OBS en surface, il faut le repérer et, avec les vagues, cela n'a rien d'évident ! Pour nous aider, un drapeau est attaché à l'instrument et une lumière clignotante permet de signaler sa présence pendant la nuit. Il y a aussi un signal radio, émis par l'instrument, qui permet de déterminer notamment la direction dans laquelle se trouve l'appareil par rapport à la position du navire. Suit la manœuvre de récupération, qui consiste à s'approcher à faible vitesse de l'instrument et à le repêcher, un peu à la manière des enfants qui jouent à la pêche aux canards à la fête foraine. Mais ici, l'échec est malvenu car le navire doit alors opérer un demi-

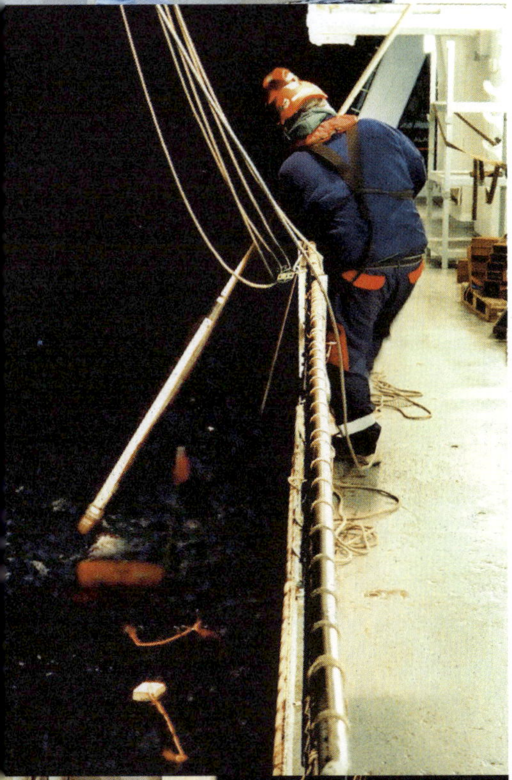

Certains d'entre nous s'octroient une pause-café sur le pont alors que *L'Atalante* vogue en direction du site où l'équipe allemande repêchera dans la nuit les OBS.

© W. Roest

© M.A. Gutscher

tour pour un nouvel essai. Une fois à bord, on peut déjà constater l'état général de l'instrument : parfois la corrosion des parties en métal est impressionnante. En revanche, il faut encore patienter pour savoir si l'instrument a enregistré des données utiles, ou des données tout court. Pour cela il faut récupérer le disque flash, télécharger les données sur un ordinateur, et faire les premières analyses. À ce stade il ne s'agit pas de passer au crible l'ensemble des données, acquises pendant treize mois, mais de vérifier que l'instrument a bien enregistré les séismes connus durant cette période, tels que celui du 6 février dernier qui a tragiquement frappé le sud-est de le Turquie et le nord-ouest de la Syrie, et qui nous a tous ébranlés. Une fois ce contrôle réalisé, l'OBS est reconditionné pour un nouveau déploiement, d'ici quelques jours, dans les fonds marins.

Aujourd'hui, après les récupérations, c'est la première manip de déploiement. Cette fois ce n'est pas un OBS, mais un courantomètre capable de mesurer les courants d'eau dans la zone d'étude, ainsi que deux stations géodésiques. Ces instruments sont descendus avec le câble grands fonds qui va les positionner avec une précision impressionnante, dans un rayon de 5 mètres de leurs cibles à des profondeurs allant jusqu'à 2 000 mètres. La descente est très longue... Pendant que le câble se déroule lentement, j'aperçois quelques dauphins autour du navire.

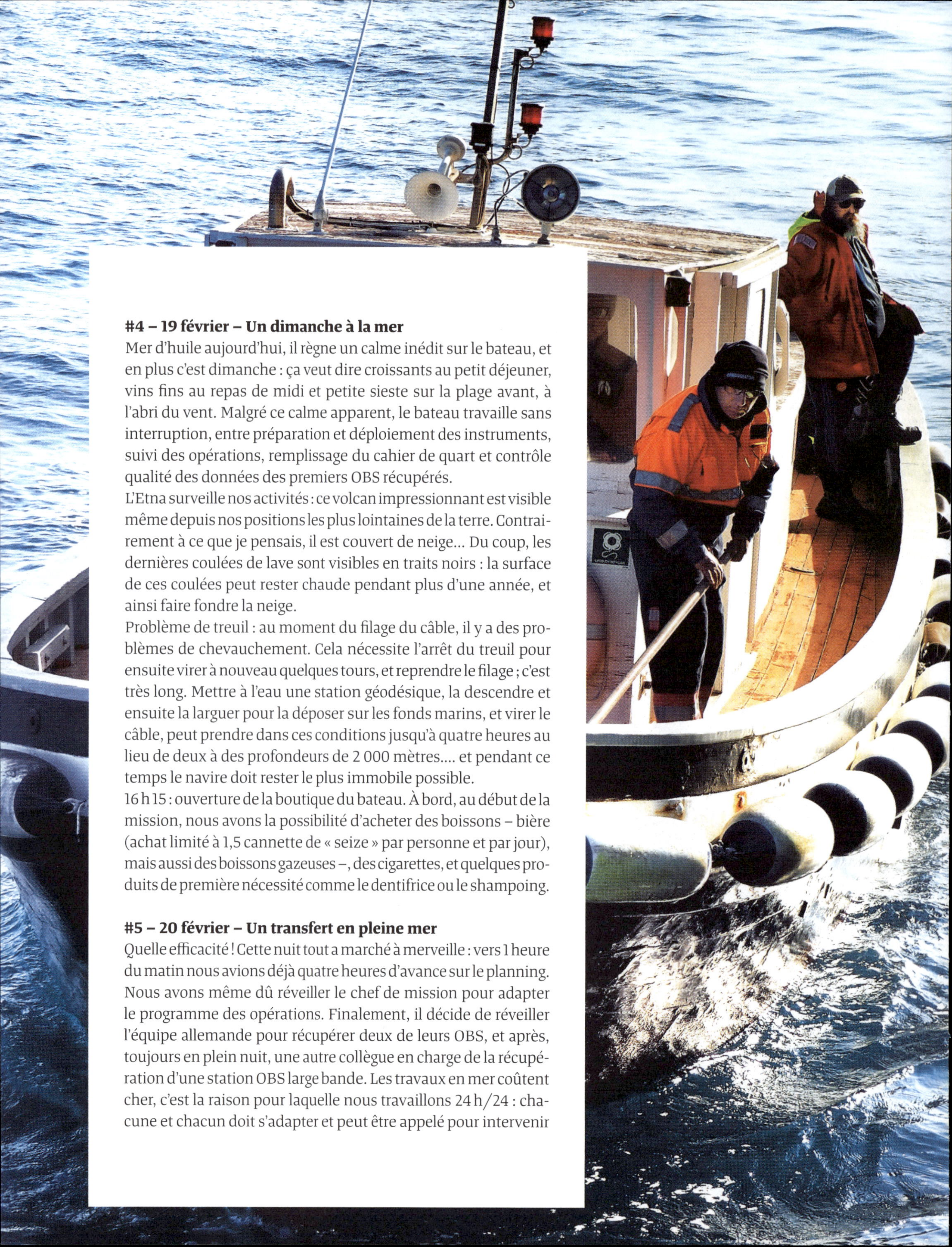

#4 – 19 février – Un dimanche à la mer

Mer d'huile aujourd'hui, il règne un calme inédit sur le bateau, et en plus c'est dimanche : ça veut dire croissants au petit déjeuner, vins fins au repas de midi et petite sieste sur la plage avant, à l'abri du vent. Malgré ce calme apparent, le bateau travaille sans interruption, entre préparation et déploiement des instruments, suivi des opérations, remplissage du cahier de quart et contrôle qualité des données des premiers OBS récupérés.

L'Etna surveille nos activités : ce volcan impressionnant est visible même depuis nos positions les plus lointaines de la terre. Contrairement à ce que je pensais, il est couvert de neige... Du coup, les dernières coulées de lave sont visibles en traits noirs : la surface de ces coulées peut rester chaude pendant plus d'une année, et ainsi faire fondre la neige.

Problème de treuil : au moment du filage du câble, il y a des problèmes de chevauchement. Cela nécessite l'arrêt du treuil pour ensuite virer à nouveau quelques tours, et reprendre le filage ; c'est très long. Mettre à l'eau une station géodésique, la descendre et ensuite la larguer pour la déposer sur les fonds marins, et virer le câble, peut prendre dans ces conditions jusqu'à quatre heures au lieu de deux à des profondeurs de 2 000 mètres.... et pendant ce temps le navire doit rester le plus immobile possible.

16 h 15 : ouverture de la boutique du bateau. À bord, au début de la mission, nous avons la possibilité d'acheter des boissons – bière (achat limité à 1,5 cannette de « seize » par personne et par jour), mais aussi des boissons gazeuses –, des cigarettes, et quelques produits de première nécessité comme le dentifrice ou le shampoing.

#5 – 20 février – Un transfert en pleine mer

Quelle efficacité ! Cette nuit tout a marché à merveille : vers 1 heure du matin nous avions déjà quatre heures d'avance sur le planning. Nous avons même dû réveiller le chef de mission pour adapter le programme des opérations. Finalement, il décide de réveiller l'équipe allemande pour récupérer deux de leurs OBS, et après, toujours en plein nuit, une autre collègue en charge de la récupération d'une station OBS large bande. Les travaux en mer coûtent cher, c'est la raison pour laquelle nous travaillons 24 h/24 : chacune et chacun doit s'adapter et peut être appelé pour intervenir

◣ Après avoir récupéré un autre OBS, nous accueillons de nouveaux arrivants. Débarquer à bord du navire océanographique depuis le bateau pilote se révèle un véritable exercice d'équilibriste, même avec une mer d'huile.
© W. Roest
© M.A. Gutscher

à n'importe quel moment, même si ce n'était pas prévu ! Résultat : nous avons récupéré cinq instruments au lieu de trois et pris de l'avance sur les tests du réseau d'instruments géodésiques.

Au fait, c'est quoi une station géodésique ? Pour faire simple, la géodésie, c'est la science qui s'intéresse à la forme de la Terre. Connaître cette forme est important si on veut faire des cartes, mais aussi pour mesurer les distances, la topographie, etc. Dans le cas précis du projet Focus, nous utilisons des stations géodésiques positionnées sur les fonds marins pour mesurer la déformation tectonique en lien avec la faille de nord Alfeo, faille sous-marine active. Ce n'est pas simple car les déplacements ne sont que de quelques centimètres par an, et les mesures de distance sont réalisées par acoustique. En fait, on mesure le temps (moins d'une seconde) nécessaire à un signal acoustique pour aller d'une station à une autre. Pour cela, les deux instruments ont des horloges très précises et synchronisées, à quelques nanosecondes près, et cela pendant toute la durée du déploiement qui peut durer parfois plusieurs années.

Aujourd'hui on remet le cap sur Catane : plusieurs personnes qui ont accompli leurs tâches vont débarquer, dont deux journalistes qui nous accompagnent. D'autres personnes vont venir à bord pour la suite des opérations. Le transfert se fait en milieu d'après-midi à quelques kilomètres du port. Malgré une mer calme, débarquer d'une pilotine pour monter sur un grand navire reste un exercice délicat : rattraper l'échelle depuis ce petit bateau qui bouge dans tous les sens ressemble à une manœuvre d'équilibriste, mais les deux personnes montent sans encombre. Ensuite, les bagages des nouveaux arrivants sont hissés à bord, avant de descendre les bagages des partants. Enfin, cinq personnes quittent *L'Atalante*, et après un dernier au revoir, la pilotine s'éloigne... mais pas pour longtemps : le bagage oublié d'un des embarquants oblige la navette à effectuer un demi-tour. Heureusement pour notre collaborateur fraîchement arrivé qui ne sera pas obligé de porter ses crocs jaunes pendant toute la campagne !

#6 – 21 février – Une routine précaire

Après un quart de minuit à 4 heures du matin, j'ai enfin bien dormi pendant presque cinq heures, jusqu'à 10 heures du matin. Avec si peu de sommeil durant la nuit, nous cherchons tous un autre cré-

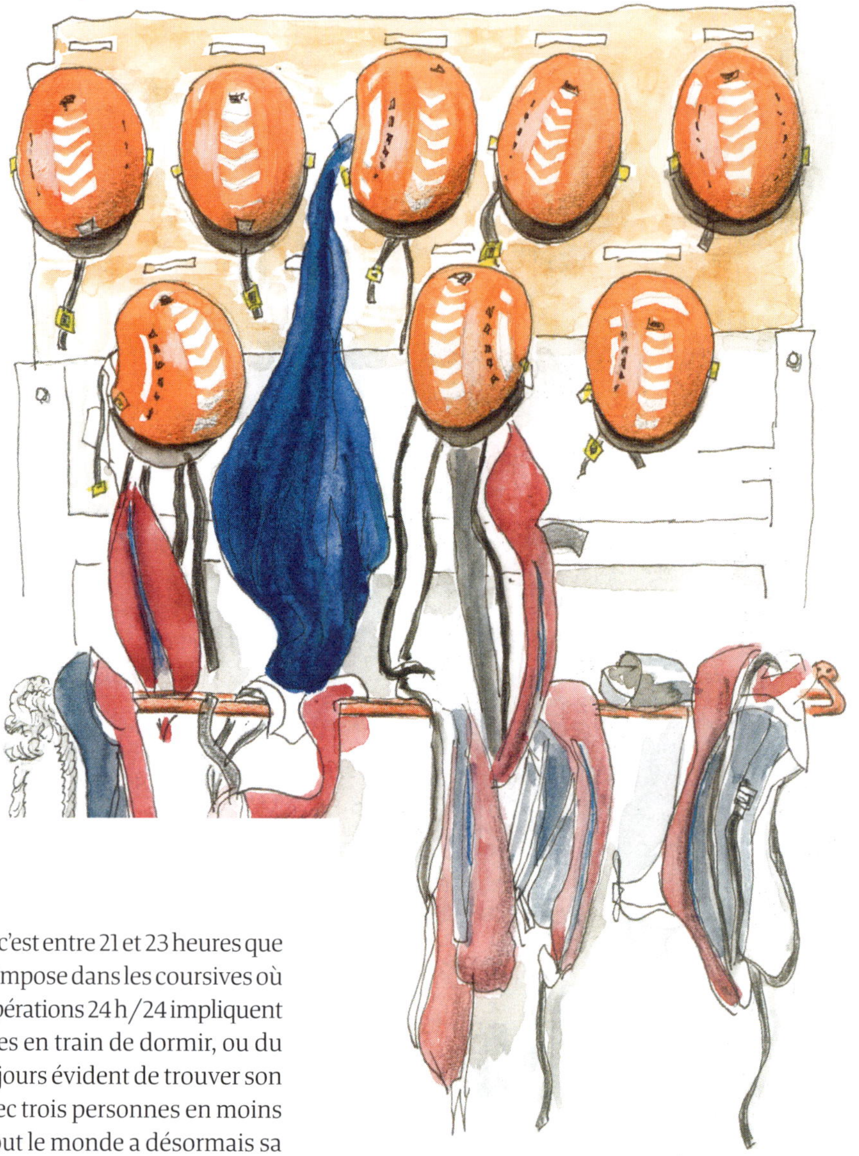

neau pour une petite sieste. Pour moi, c'est entre 21 et 23 heures que j'essaie de dormir un peu. Le silence s'impose dans les coursives où se trouvent les cabines, parce que les opérations 24 h/24 impliquent qu'il y ait constamment des personnes en train de dormir, ou du moins qui essayent… Ce n'est pas toujours évident de trouver son rythme dans ses conditions. Mais avec trois personnes en moins dans l'équipe scientifique, presque tout le monde a désormais sa cabine individuelle ! Parlons des cabines d'ailleurs : on y trouve deux lits superposés avec des rideaux pour un petit peu d'intimité, un bureau avec deux chaises, deux placards pour les vêtements et une salle d'eau avec douche et toilettes. Quand on y habite à deux, et à cause des horaires de travail décalés, on craint toujours de réveiller notre colocataire, notamment quand on prend sa douche ou au moment de grimper dans le lit du haut.

Je me rends compte que la routine s'est installée et que je ne sais plus si nous sommes lundi, mardi ou même mercredi. À 17 heures, une réunion de travail pour discuter du programme des prochains jours finit de me resynchroniser. Elle s'achève à 18 heures avec un spectacle génial dans le ciel : la lune croissante s'aligne avec Venus et Jupiter… En même temps, dans la mer, notre petit LOT-

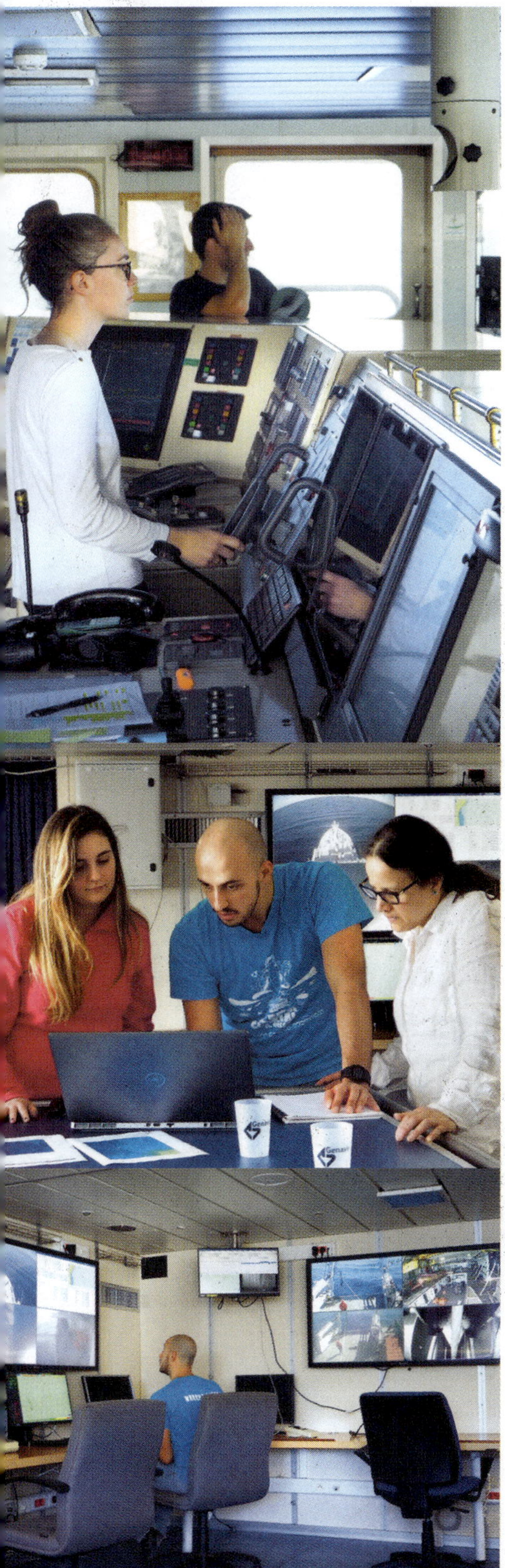

◣ Pendant que sur la passerelle, l'officier tient la barre (en haut), des scientifiques discutent des données acquises dans le poste de contrôle scientifique (au centre), là où ils peuvent également suivre les opérations qui se déroulent sur le pont, via les écrans (en bas).
© W. Roest

OBS (*long-term* OBS) fait surface, et, avec sa lumière clignotante, essaie de voler la vedette. La cadence de récupération des OBS est impressionnante, après quelques jours tout le monde a trouvé sa place et les instruments arrivent toutes les deux à trois heures. En parallèle, sur le pont, les stations géodésiques sont en préparation. Nous allons en larguer huit vers la fin de la semaine.

Après trois jours, on s'est adaptés à la vie à bord, aux mouvements du navire, au bruit de la machine, etc. Comme les opérations sont maintenant bien définies et les équipes efficaces, on a un petit peu plus de temps pour des moments de détente. Dans le carré, des personnes jouent de la guitare ou font un match de baby-foot. D'autres pratiquent le yoga sur la plage avant. Si le navire n'est pas une ville, c'est en tout cas un village. Il y a tout sur un bateau, c'est un concentré de mécanique, informatique, forces humaines, etc. Imaginez un atelier électronique où on peut trouver tous les composants dont on pourrait avoir besoin en cas de panne, un atelier mécanique où on peut fabriquer des pièces de rechange si nécessaire, un magasin de peinture, une infirmerie, une laverie en libre-service, une bibliothèque avec beaucoup de bandes dessinées très sympas, une salle de sport, un salon de jeux, une réserve avec de la nourriture pour des mois et pour soixante personnes, une machine pour produire de l'eau douce à partir de l'eau de mer (bien pour toutes les utilisations, sauf consommation), une machine pour traiter les eaux usées, etc., etc.

Bien sûr, par-dessus tout, ce sont les hommes et les femmes qui font marcher cette extraordinaire machine qu'est un navire de recherche. Mais les plus incroyables machines ne sont pas à l'abri d'un grain de sable. Nous venons d'apprendre que le médecin à bord a la grippe et plusieurs autres personnes sont malades. Comme dans la vie à terre, ça arrive. L'année dernière, sur une autre campagne en mer, la présence de plusieurs cas de Covid à bord avait obligé le commandant à arrêter l'ensemble des opérations pendant huit jours.

#7 – 23 février –Une vague de problèmes

Après une journée calme, plusieurs soucis se sont enchaînés lors de la dernière nuit, durant mon quart. Nous avons eu tout d'abord un problème avec le treuil hydro (pour hydrographique, qui à trait à l'étude de l'eau), notamment utilisé pour déployer les

instruments relativement petits. Il n'a plus fonctionné pendant quelques heures, nous obligeant à en utiliser un autre moins pratique et plus éloigné du laboratoire où l'on analyse les résultats. Nous avons ensuite rencontré un deuxième problème avec la BUC (Base ultra-courte), un instrument acoustique utilisé pour obtenir la position exacte d'un autre instrument dans l'eau. Sur les écrans qui se trouvent sur la passerelle et dans le PC scientifique, nous n'avons plus sa bonne position : difficile donc de manœuvrer le navire correctement pour l'officier à la barre. Heureusement, dans le laboratoire en bas, la bonne position reste disponible, et nous communiquons par intercom pour vérifier la distance et donner l'accord de poser l'instrument sur le fond.
Enfin, et c'était l'incident le plus grave : pendant environ 10 minutes, l'acquisition et l'affichage de la navigation sur les écrans sont tombés en panne. Heureusement, le navire était en station, et donc pas de risque immédiat pour la sécurité ; mais pendant ce temps, nous n'avions aucune position du bateau, et donc aucune idée de notre distance avec la cible. L'électronicien du bord, Nicolas, réveillé, a redémarré l'ordinateur en question et quelques minutes plus tard, tout est rentré dans l'ordre. Soulagement général !
Cela arrive, des pannes mécaniques ou informatiques sur des bateaux, et c'est aussi pour cette raison qu'il y a des distances de sécurité à respecter entre navires. Cela est d'autant plus vrai quand un navire a une manœuvrabilité réduite. Ce qui est notamment notre cas, avec les instruments à l'eau attachés au câble grands fonds. Il faut savoir qu'un changement de cap en urgence pourrait faire passer ce câble sous le navire avec le risque de s'approcher des hélices. Heureusement tout est bien qui finit bien ! Nous avons récupéré le 29e OBS aujourd'hui : 29 sur 29, l'ensemble des instruments est maintenant à bord. 100 % de succès, ce n'est pas toujours comme ça.
17 heures : Marc-André dresse un état des lieux de la mission à l'ensemble du personnel de bord et aux scientifiques. Après la présentation, ouverture de la boutique *Atalante* : on peut acheter t-shirts, polos, casquettes de baseball, etc., tous avec une image du navire et/ou son nom, en impression ou en broderie, c'est parfois plus joli ! Cette année, il y des vestes imperméables qui m'intéressent, mais malheureusement, elles sont uniquement

◣ Des stations géodésiques Canopus sont prêtes à être déployées par le portique arrière du navire afin de mesurer la déformation tectonique en lien avec la faille de nord Alfeo.
© M.A. Gutscher

disponibles en taille M pour les hommes. Ça sera pour une autre fois... Retour au travail : il nous faut encore mettre à l'eau une station géodésique Canopus.

#8 – 24 février – Le travail puis la fête

Ce soir, c'est barbecue, pour fêter l'anniversaire du chef de mission, Marc-André ! Mais ce n'est pas pour autant que le travail s'arrête. Aujourd'hui que des déploiements : trois stations géodésiques Canopus et deux sismomètres fond de mer LOT-OBS. Il fait beau, la mer est très calme et le temps passe vite. Le dernier Canopus est prêt pour être déployé : on fait route vers le point de largage. À 19 h 30, la fête commence dans le hangar : la cuisine a préparé des petits rouleaux feuilletés en entrée. Pour le plat principal, dorade coryphène, thon, merguez et bœuf mariné. Chacun est libre de se servir de la plancha pour cuisiner son repas préféré, accompagné d'un taboulé.

#9 – 25 février – Ambiance rugby à bord de *L'Atalante*

La nuit a été courte, nous avons dansé, discuté, fait la fête ! Ce matin, mise à l'eau des derniers OBS, en « *free fall* » : l'instrument descend tout seul pour se poser sur les fonds marins. Avec ce mode de déploiement, on connaîtra moins précisément sa position sur les fonds, parce que la descente est influencée par les courants marins.

Une des dernières actions d'acquisition de données est la réalisation d'un profil de CTD (pour *Conductivity, Temperature, Depth* ou Conductivité, Température, Profondeur). Pour faire ce profil, nous allons mettre un instrument de mesure à l'eau à neuf endroits précis le long d'un profil orienté est-ouest. La distance entre ces points est de 3 kilomètres. À chaque point, on descend le capteur, depuis la surface de la mer jusqu'à 20 mètres au-dessus des fonds marins – on évite de toucher le fond pour ne pas endommager l'instrument – avant de le remonter. Le but est de mesurer les paramètres physiques de l'eau tout au long de ce trajet de la surface jusqu'au grandes profondeurs. Ensuite, les données sont récupérées et validées avant de diriger le navire vers le point suivant où l'on recommence l'opération. Un tel profil devrait nous renseigner sur les différentes masses d'eau qui se

◢ Avant le retour à terre, nous effectuons les dernières manipulations en admirant le coucher du soleil, au large de la Sicile.
© W. Roest

trouvent dans la Méditerranée à cet endroit. Contrairement à ce qu'on peut imaginer, la mer n'est pas homogène mais stratifiée, avec des couches différentes qui se distinguent par différentes températures et densités, et qui sont parfois associées avec des courants de directions différentes.
Des cris résonnent depuis la salle de réunion : les fans de rugby suivent sur le grand écran un match du Tournoi des Six Nations. Une campagne scientifique en mer est très souvent une aventure internationale, notamment au sein de l'Union européenne. Ainsi, le nombre de nationalités à bord est très grand, tout comme le nombre de langues parlées. Dans l'équipe scientifique, nous avions des Français, des Italiens, un Anglais, un Écossais, un Américain, une Vénézuélienne, des Allemands, un Néerlandais, un Irlandais, une Finlandaise et j'en passe. Parfois, donc, les échanges sont multilingues et, si besoin, accompagnés par des gestes des mains. Et pour l'équipage, c'est la même chose, toutes les nationalités sont aussi à bord. Ainsi, le cuisinier est néerlandais comme moi ! Tout cela pour dire qu'à chaque match, les deux nations ont à bord des supporters qui se chambrent dans la bonne humeur.

#10 – 26 février – Retour à terre

Pour ce dernier quart de nuit, je ne reste pas dans le PC scientifique, je participe aux manips : mettre en route le CTD avant de le mettre à l'eau, suivre sa descente avec l'information fournie par la BUC, éteindre l'instrument et télécharger les données une fois l'instrument à nouveau à bord après son voyage vers les grands fonds. Obligation de mettre des chaussures de sécurité, un casque et un gilet de sauvetage pour travailler sur le pont en pleine nuit. Pour 2 000 mètres de fonds, l'opération prend presque 1 h 45... Pour chaque déploiement, il ne faut surtout pas oublier de remettre en route l'instrument avant de le remettre à l'eau, sinon c'est un aller-retour dans les grandes profondeurs pour rien.
18 heures. Nous voici de retour au port de Catane. L'exercice de l'Otan qui aura lieu dans la zone nous oblige à arrêter les travaux dès ce soir. Dans le port, deux sous-marins et une frégate sont à quai, prêts pour l'exercice.
19h45 : la jetée est installée, et on se retrouve tous sur le quai à 20 heures pour aller manger à terre. Au début, on a la sensation

que la terre bouge : c'est le résultat de dix jours en mer. Il y a des personnes qui ont vraiment les symptômes de mal de mer quand elles retournent sur terre. Autre effet : quand on est dans un endroit silencieux, on entend le bruit de la machine, comme si ce bruit avait imprégné notre cerveau.

On mange dans une pizzeria près du port, Il Santi, où un de nos collègues italiens a négocié un prix d'ami pour le repas : pizza à volonté pour 18 euros ! Ce soir, nous dormirons une dernière fois à bord du bateau avant de nous dire au revoir. Mais l'aventure est loin de s'arrêter là : l'exploration et l'exploitation des données commencent à peine et la faille doit encore nous livrer bien des secrets.

CARNETS DE SCIENCE

La revue du CNRS #14

Directeur de la publication
Antoine Petit

Directeur de la rédaction
Jérôme Guilbert

Rédacteur en chef
Matthieu Ravaud

Rédactrice en chef adjointe
Charline Zeitoun

Coordinatrice éditoriale
Catherine Caltaux

Chefs de rubrique
Laure Cailloce
Yaroslav Pigenet

Ont participé à ce numéro
Julien Bourdet
Anne-Sophie Boutaud
Sebastián Escalón
Grégory Fléchet
Francis Lecompte
Warda Mohamed
Louise Mussat
Brigitte Perucca
Walter Roest (chercheur)
Philippe Testard-Vaillant
Salomé Tissolong
Fabien Trécourt

Secrétaire de rédaction
Émilie Silvoz

Iconographes
Valérie Delchambre
Anne-Emmanuelle Héry
Katherine Kay-Mouat
Sophie Léonard

Gestionnaire
Mathieu Chatellier

CNRS Éditions

Directrice
Blandine Genthon

Promotion et relations presse
Christelle Voisin
Claire Martz

Fabrication
Marie Léman
Jeanne Meslin

Direction artistique
Romuald Maurel
romualdmaurelgraphisme.com

Illustrations
Nadège Dauvergne
Marie Guillard
Romuald Maurel
Louis Otis

Photogravure
Compo Rive Gauche

Impression
Imprimerie Clerc
94, rue de la Brasserie
18200 Saint-Amand-Montrond

Le numéro 15 des *Carnets de science* sera en librairie en **novembre 2023**

Carnets de science
semestriel, édité par CNRS Éditions S.A.
15, rue Malebranche, 75005 Paris
Diffusion / Distribution
Volumen / Interforum
Abonnement
contact@carnetsdescience-larevue.fr
N° ISSN : 2497-7152
N° ISBN : 978-2-271-14286-3
Dépôt légal mai 2023

Photos CNRS :
contact-mediatheque@cnrs.fr
https://images.cnrs.fr

Image couverture :
© Christine Sponchia/Pixabay

Retrouvez-nous aussi sur
www.carnetsdescience-larevue.fr

Suivez l'actualité de la recherche avec le CNRS

Page précédente:
Les lumières de la ville.
En 2005, nous étions 6,5 milliards d'humains et nous avions consommé 10,5 milliards de tonnes équivalent pétrole (TEP), soit 2,5 fois, ce que nous avions consommé en 1970.

Faire ses courses dans un marché bio, en choisissant des produits locaux...

– lorsqu'elle parvient à ébullition, l'eau a atteint sa température maximum, réduisez aussitôt le feu (en plus cela débordera moins !) ;
– si vous utilisez une cuisinière électrique, pensez à l'éteindre avant la fin de la cuisson puisque la plaque restera chaude encore longtemps ;
– si le plat s'y prête, cuisez à l'étouffée ;
– si vous utilisez votre four, pensez à y mettre plusieurs plats en même temps.

La fée électricité...

Faites la chasse aux appareils qui restent en veille (avec une petite lumière allumée). Pour certaines catégories d'appareils, il est impossible d'en trouver qui n'ont pas ce vice. Branchez-les alors sur des interrupteurs. Soyez vigilants lors de l'achat de vos appareils ménagers. Ce sont de gros consommateurs d'électricité, mais la législation les oblige à indiquer leur consommation et leur performance énergétique. Prenez la peine de lire ces indications.

Les règles de base :

– sachez qu'un ordinateur portable consomme quasiment moitié moins qu'un ordinateur de bureau. Pensez à l'éteindre quand vous ne vous en servez pas ou au moins à couper l'écran (périphérique très gourmand en électricité) ;
– n'abusez pas de votre imprimante ;
– prohibez définitivement les lampes halogènes qui sont de véritables gloutons énergétiques et choisissez plutôt des ampoules basse consommation ;
– si vous en avez la possibilité, évitez le sèche-linge et laissez faire le soleil ;
– si vous êtes propriétaires d'une maison individuelle, n'hésitez pas à investir dans des panneaux solaires photovoltaïques, vous bénéficierez d'aides publiques et de crédits d'impôts.

Ne consommez plus idiots...

La plupart des maisons occidentales sont pleines d'articles qui ne servent à rien. Ne surconsommez pas. Demandez-vous donc de quoi vous avez réellement besoin, et réapprenez à vous faire plaisir autrement qu'en consommant.

Les règles de base :

– consommez local et choisissez les emballages en carton plutôt qu'en plastique, les produits durables plutôt que les jetables ;
– utilisez un panier à provisions et refusez les sacs en plastique non recyclables ;
– achetez des produits d'occasion et

...est plus utile pour lutter contre le réchauffement de la planète que de fréquenter les grandes surfaces, qui poussent à la consommation, et proposent généralement des produits importés de l'autre bout du monde !

Tous Nos Produits
Sont issus de
l'agriculture
Biologique

Un toit en pelouse, c'est écolo, c'est rigolo et c'est beau ! Mais l'ardoise est un peu plus onéreuse que la tuile.

revendez ce qui ne vous intéresse plus, plutôt que de jeter ;
– regardez attentivement les labels pour choisir les produits les moins polluants ;
– préférez les produits recyclables.

Que calor la vida !

Avec l'augmentation des épisodes caniculaires, on n'a pas fini d'avoir chaud. Ce qui aura pour effet d'augmenter l'usage des climatiseurs dont la consommation électrique est importante et qui contiennent de puissants gaz à effet de serre. On peut néanmoins éviter cela.

Les règles de base :
– l'isolation de votre logement est bien entendue déterminante. Sachez que tout investissement dans ce domaine vous permettra de faire rapidement des économies d'argent et d'énergie ;
– vous pouvez aussi faire de l'ombre en plantant des arbres devant les façades sud et ouest ;
– imaginez un bon système de ventilation qui apportera de la fraîcheur à moindre coût écologique et financier (en s'inspirant, par exemple, des maisons des médinas dans lesquelles l'air circule de façon astucieuse) ;
– dans la journée, prenez soin de bien fermer fenêtres, stores et persiennes pour ne pas laisser entrer la chaleur ;
– préférez un ventilateur, qui consomme beaucoup moins d'électricité et ne contient pas de gaz à effet de serre, à un climatiseur.

J'aurais aimé vous conseiller de choisir une voiture sans climatisation, mais il y en a de moins en moins sur le marché... Je me contenterai donc de vous recommander d'utiliser la clim' avec parcimonie, car elle augmente votre consommation d'essence de 20 %.

Bien au chaud sous la couette...

Le chauffage est le secteur sur lequel vous pouvez agir le plus facilement et le plus efficacement. Encore une fois l'isolation est déterminante.

Les règles de base :
– ne surchauffez pas, calfeutrez vos huisseries et rajoutez un pull ;
– faites poser un thermostat/program-

LE PUITS PROVENÇAL

Les vertus du puits provençal ou canadien sont connues depuis l'Antiquité.
Le puits provençal consiste à alimenter un bâtiment en air frais, en le faisant circuler auparavant dans un conduit enterré qui, selon les conditions climatiques, le refroidit ou le préchauffe en utilisant l'inertie thermique du sol. Cette technique repose sur le fait qu'à environ 1,5 mètre de profondeur, la terre garde une température variant généralement de 10 à 16 °C selon les saisons. Au lieu d'entrer directement dans la maison, l'air circule donc dans une canalisation enterrée où il se réchauffe en hiver (effet puits canadien) et se rafraîchit en été (effet puits provençal). Cette arrivée d'air est couplée à un système de ventilation qui la distribue dans toute la maison, permettant d'éviter la climatisation en été et de réduire le chauffage en hiver.

Dans les maisons ou immeubles HQE (haute qualité environnementale), l'investissement est parfois important, mais les frais de fonctionnement sont quasi-nuls.

mateur qui vous permettra d'optimiser la température et les périodes de chauffage ;
– n'oubliez pas de fermer les volets la nuit en hiver ;
– faites entretenir et régler votre chaudière ;
– choisissez bien votre énergie et votre mode de chauffage. Évitez, si possible, le chauffage électrique traditionnel qui est un gouffre énergétique, et préférez le gaz au fioul ;
– si vous le pouvez, utilisez les énergies renouvelables comme le bois, la géothermie ou le solaire thermique. Encore une fois, vous pourrez bénéficier d'aides publiques et de crédits d'impôts.
– évitez les chauffe-eau électriques, préférez le gaz ou mieux, le chauffe-eau solaire thermique.

LA MAISON ZÉRO ÉMISSION

Après l'Allemagne et la Suisse, et pour être conforme aux réglementations légales en matière d'habitation applicables dans une petite dizaine d'années en Angleterre, le prototype de la première maison à zéro émission a été récemment présenté outre-Manche. Bien en avance sur nos propres modèles français de régulation thermique (RT 2005), cette maison possède, entre autres, des panneaux solaires, une fournaise à biomasse et des appareils d'économie d'eau (dont un mécanisme de récupération des eaux de pluie) ; elle sera neutre sur le plan du carbone émis et générera sa propre électricité...

PETIT GUIDE POUR PRÉSERVER LA PLANÈTE ET VOS ÉCONOMIES !

1. Acheter peu de produits qui ont beaucoup d'emballages.
2. Acheter le moins possible de produits manufacturés, même peu facturés !
3. Acheter une petite voiture, comme moi, c'est très smart !
4. Baisser la température l'hiver de 1 °C, voire plus, dans les lieux chauffés.
5. Déménager pour habiter près de son travail et donc moins se déplacer.
6. Éviter de prendre l'avion, surtout pour un parcours de moins de 1 000 kilomètres, il y a le TGV.
7. Faire le plus possible ses courses dans les commerces de proximité, à pied ou en vélo.
8. Isoler sa maison du mieux possible, colmater les brèches !
9. Installer un chauffe-eau solaire, surtout dans le sud !
10. Laisser sa voiture au garage et prendre le train pour les déplacements en France !
11. Manger des fruits et légumes de saison cultivés localement, plutôt que de les faire venir de l'autre bout du monde.
12. Ne pas se faire livrer la vente par correspondance en 24 h/chrono !
13. Penser à la manière dont on va se déplacer avant de déménager.
14. Prendre les transports en commun pour aller travailler ou organiser un covoiturage avec ses collègues de travail...
15. Remplacer sa chaudière au fioul par une chaudière à gaz ou au bois.
16. Travailler à domicile, cela est devenu bien plus facile avec le multimédia.
17. Utiliser le moins possible la climatisation en voiture.

Forêt inondée par le Rio Negro (Brésil).

ÉPILOGUE

La science nous aide à comprendre le réchauffement climatique que nous avons déclenché, elle propose des moyens pour le ralentir et pour nous y acclimater. L'évolution nous a donné un cerveau hyperdéveloppé qui nous a permis de devenir de superprédateurs. Notre énorme arrogance (cela rime parfois, hélas, avec ignorance...) nous a conduit à mettre en péril l'écosystème global dont nous faisons partie. Espérons que notre intelligence nous permette de comprendre cette alerte climatique. Espérons que nous devenions les défenseurs de notre environnement car, a priori et à l'heure actuelle, la Terre est la seule planète dont nous disposons... Face au réchauffement dû à un dérèglement climatique anthropique, la première étape c'est d'informer, c'est ce que nous avons tenté de faire dans ce livre, avec l'aide de Philippe Dussau, Jean-Marc Jancovici, René Ducroux et quelques amis qui ont fait de longues études scientifiques.
Informez-vous, informez les autres, que jamais on ne puisse entendre : «Nous ne savions pas», comme on l'a trop souvent entendu après les trop nombreux génocides de notre Histoire. Car ce génocide pourrait être le dernier...
Nous devons être suffisamment informés pour ne pas nous laisser berner par de bonnes paroles sans lendemain.
Soyez critiques et faites-le savoir, c'est le meilleur moyen de lutter efficacement contre cette catastrophe annoncée.

Quel est le coût de notre survie sur la Terre?
Quel est le prix pour éviter:
- Le retour des dictatures dans le monde en 2050?
- Une épidémie mondiale qui tuerait une grande partie de la population en 2057 ?
- La désertification de la moitié du globe en 2080 ?
- Le retour des famines en Europe en 2087?
- La mort de 30 % de l'humanité par maladies tropicales d'ici à 2089 ?
- Un arrêt du «Gulf Stream» en 2120?
- La mort de 99 % des hommes en 2200 ?

La vie n'a pas de prix !
Alors continuons le combat pour éviter la disparition pure et simple de l'espèce humaine de notre petite planète Terre, comme celle des dinosaures, il y a environ 65 millions d'années. Car l'espèce humaine, c'est vous, c'est moi, ce sont nos enfants et nos petits-enfants...
Il ne faut pas faire de révolution, mais simplement abolir la société de consommation et la remplacer par une société de perpétuation...
Et il ne faut pas se tromper de combat, ce n'est pas la planète qu'il faut sauver, mais l'homme...

Patrice Drevet,
Pézenas, le 14 juillet 2007

Montagnes dans la brume.

Glossaire

Les mots

Aérosols : ensemble de particules microscopiques, solides ou liquides en suspension dans un gaz.
Albedo : pouvoir réflecteur d'une surface.
Anémomètre : appareil d'observation servant à mesurer la vitesse et la direction du vent.
Anthropique : produit par l'homme.
Atmosphère : enveloppe gazeuse de la Terre et des planètes.
Banquise : étendue de mer gelée que l'on trouve dans l'Arctique et l'Antarctique et qui peut recouvrir de larges étendues d'eau.
Calotte glaciaire : glacier de grande dimension.
Carbone : élément chimique.
Développement durable : développement qui répond aux besoins du présent sans compromettre la capacité des générations futures à répondre aux leurs.
El Niño : réchauffement cyclique de la surface du Pacifique Sud.
Fission nucléaire : phénomène par lequel le noyau d'un atome lourd est divisé en plusieurs nucléides plus légers. Cette réaction nucléaire se traduit aussi par l'émission de neutrons et un dégagement d'énergie très important.
Fusion nucléaire : processus où deux noyaux atomiques s'assemblent pour former un noyau plus lourd.
Gaz : un corps pur existe sous trois états : solide, liquide ou gazeux. Le passage de l'état liquide à l'état gazeux est appelé vaporisation (par exemple la vapeur d'eau).
Gibbeuse (lune) : bossue.
Gondwana : partie du supercontinent Pangée.
Paléobotanique : étude des fossiles de végétaux, des grandes étapes de l'évolution du règne végétale.
Paléoclimatologie : étude des climats du passé.
Paléontologie : science qui étudie les restes fossiles des êtres vivants du passé et les implications évolutives de ces études.
Pangée : supercontinent rassemblant la quasi-totalité des terres émergées, qui a existé de la fin du Carbonifère au début du Jurassique.
Permafrost : sols perpétuellement gelés des zones arctiques (en français : pergélisol).
Photosynthèse : processus bioénergétique qui permet aux plantes de synthétiser leur matière organique en exploitant l'énergie solaire.
Radiation : énergie qui se déplace sous forme de particules ou de vagues.
Rétroaction : mécanisme par lequel un système réagit à une perturbation qui le fait dévier de son état initial.
Rétroaction négative : s'oppose à la cause initiale de réchauffement.
Rétroaction positive : renforce le réchauffement climatique.
Vortex : circulation atmosphérique tourbillonnaire.

Références

Les abréviations

CH_4 : méthane.
CO_2 : dioxyde de carbone ou gaz carbonique.
HFC : hexafluorocarbone, famille d'hydrocarbures dont une partie des atomes d'hydrogène a été remplacé par des atomes de fluor.
N_2O : protoxyde d'azote, appelé gaz hilarant.
NO_X : oxydes d'azote.
O_3 : ozone.
PFC : perfluorocarbone, famille d'hydrocarbures dont une partie des atomes d'hydrogène a été remplacé par des atomes de fluor.
SF_6 : hexafluorure de soufre.

Les mesures

kWh : 1 000 watts par heure.
MWh : 1 million de watts par heure.
GWh : 1 milliard de watts par heure.
TWh : 1 000 milliards de watts par heure.
Kt : kilotonne (1 000 tonnes).
Mt : mégatonne (1 million de tonnes).
Gt : gigatonne (1 milliard de tonnes).
Tep : tonne équivalent pétrole.
Gtep : giga tonne équivalent pétrole.
Ppm : partie par million.
Ppb : partie par milliard.

L'Effet de serre, de René Ducroux et Philippe Jean-Baptiste (CNRS éditions).
L'Énergie à petits pas, de François Michel (éditions Acte Sud Junior).
L'Avenir climatique, de Jean-Marc Jancovici (éditions du Seuil).
An Inconvenient Truth / Une Vérité qui dérange, Al Gore, film réalisé par D.Guggenheim.

ADEME : Agence de l'environnement et de la maîtrise d'énergie.
CEA : Commissariat à l'énergie atomique.
CIRED : Centre international de recherche sur l'environnement et le développement.
CNRS : Centre national de la recherche scientifique.
GIEC : Groupe intergouvernemental sur l'évolution du climat.

www.meteofrance.com
www.manicore.com
www.terre.tv
www.ecologie.gouv.fr
www.ippc.ch
www.cnrs.fr
www.combloux.com

Table des matières